이응노의 집, 이야기

• **이응노의 집, 이응노 이야기** 11 • 화가의 고향, 화가와 고향—이응노의 경우 [김학량] 18 | 하나 | 이응노와 고향 19 | 둘 | '고향'을 버려라! 24 | 셋 | 고향, 소년의 꿈, 그리고 출가(出家) 26 | 넷 | 첫 입문 : 서화 34 | 다섯 | 다시 출가, 그리고 두 번째 입문 : '미술'/'동양화,' 그리고 풍경 43 | 여섯 | 식민지 이후—도시, 사람, 삶 50 | 일곱 | 인간과 현실, 그리고 반추상 54 | 여덟 | 추상—〈구성(Composition)〉 63 | 아홉 | 유배(流配) 72 | 열 | 춤 또는 꽃 77 • **이응노의 집, 만든 이야기** 89 • 소년 이응노가 바라보았던 풍경 앞에서 [김석환] 91 • 미래로(美來路)의 아름다운 공간 [이태호] 94 • 이응노, 한국 현대 미술사에 남겨진 공백 [유홍준] 100 • '이응노의 집' 개관 일지 : 시작과 끝, 끝과 시작 [윤후영] 112 • **이응노의 집, 집 이야기** • 이응노의 집과 풍경의 건축 [조성룡] 120 • 이응노의 집—문화 문명의 교차점 [김원식] 128 | 하나 | 홍성과 '이응노의 집' 129 | 둘 | 우리 시대의 미술관과 기념관 131 | 셋 | 조성룡의 건축 세계 138 | 넷 | '이응노의 집'이 의미하는 것 140 | 다섯 | 하늘로 이어지는 축과 우주의 맥 141 | 여섯 | 조경과 '코스모스케이핑(cosmoscaping)' 144 | 일곱 | 공간과 빛이, 툭툭, 징검다리처럼, 또는 징검다리에서 146 | 여덟 | 땅에서 스며나온 집, 또는 틈새 156 | 아홉 | 자연스레 세계를 담다 160 | 열 | '이응노의 집'과 '풍경의 회복' 163 • 이응노의 집, 전시실 소개 제1전시실 173 | 이응노의 여정 173 | 고암 이응노가 걸어온 길, 연표 175 | 제2전시실 | 이응노의 작품 세계 1 : 도불 이전의 서화, 풍경화 178 | 제3전시실 | 이응노의 작품 세계 2 : 도불 이후 〈구성〉, 〈군상〉 연작 179 | 수록 작품 목록 180 | 이응노의 집 : 프로그램과 찾아오시는 길 184 • **이응노의 집, 홍성 이야기** 187 • 고암을 따라 홍성을 걷자 188 | 고암의 그림을 만나러 가는 길 190 | 유년의 고암을 만나러 가는 길 191 | 홍성의 또 다른 볼거리 192

이응노의 집 만든 사람들 | **건축 · 조경 · 전시 설계** | • **설계 · 감리** • **건축사사무소 조성룡도시건축** 조성룡 · 정상철 · 이대우 · 이시효 · 이우종 • **전시 설계 자문** 최춘웅 • **전시 설계 · 시공** • (주)UDI 이재학 · 정종훈 · 오하늘(대표이사) • **조경 · 설계** 정우건 • **건축 · 토목 · 기계** • 덕청건설(주) 송광석(대표이사) · 김대현(현장대리인) · 정종(토목담당) • **전기** • (주)거성전력 정덕제(대표이사) · 장남주(현장대리인) • **통신** • (주)CM 서기원(대표이사) · 이병덕 · 박병규 · 손영대(현장대리인) • **소방** • (주)동성전기통신 오성구(대표이사) · 허소윤 · 이병채(현장대리인) • **조경** • 태화건설산업(주) 하태윤(대표이사) • **하늘조경건설(주)** 고영종(현장대리인) • **생가** • 홍림종합건설(주) 이수경(대표이사), 양만직(현장대리인) • **홍성군청** 이종욱(과장) · 서준철(과장) · 오인섭(과장) · 김경철(과장) · 홍성만(과상) · 전필호(담당) · 김승환(담당) · 안기억(담당) · 김영성(담딩) · 공필재(담당) · 강훤후(소장) · 조권형(담당) · 김종신(주무관) · 이기선(주사) · 윤후영(학예사) • **유족과 친지** 박인경 · 이목세 · 이갑세 · 이강세 · 이종진 · 이경인 · 이종민 · 이승호 • **홍천마을 여러분** 최재만(이장) · 이승호 · 이연완 · 이일호 · 이순용 · 이동복 • **그 외 여러분** 조현영 · 공광식 · 곽영진(대전 이응노미술관 학예사) · 전상진(홍성신문 기자) · 김혜동(홍주일보 기자) · 혜원 스님 · 니노미야 다카코 · 이환남 • **현상 공모 심사위원** | 이장범(선문대학교 교수) · 성기문(충주대학교 교수) · 박찬규(충남대학교 교수) · 최윤정(공주대학교 교수) · 이영현(순천향대학교 교수) · 양우창(중부대학교 교수) | **운영위원회** 유홍준(명지대학교 교수 · 개관준 준비 위원장) · 조성룡(성균관대학교 교수) · 이태호(명지대학교 교수 · 명예 관장) · 김호석(전 전통문화학교 교수) · 김민수(서울대학교 교수) · 안상수(홍익대학교 교수) · 김학량(동덕여자대학교 교수 · 전시 기획 팀장) | **작품 · 유품 기증자** 공상구(마이아트) · 노승진(노화랑) · 박경임(청관재) · 박명자(현대화랑) · 박우홍(동산방화랑) · 박인경(미망인) · 우학규(학고재) · 유홍준(명지대학교) · 이경인(유족) · 이상렬(청운예술) · 이종진(유족) · 이호재(가나아트센터) · 이환근(대룡건설) · 조윤호(스킨푸드) • **로고** 안상수 • **홍보물과 책자** • **전시장 그래픽 디자인** • **수류산방** 박상일 · 심세중 · 김희선 • **소장품 및 건축물 촬영** • **나무스튜디오** 민희기 · 김은지 [2011년 11월 8일 개관]

suryusanbang

↗ 고암 이응노, 〈문자 추상〉 추상화 대작 12판, 한지에 기름 성분, 95×58.5cm. (앞, 부분)
→ 고암 이응노, 〈문자 추상〉 추상화 대작 12판, 한지에 기름 성분, 95×58.5cm. (뒤, 부분)

우리 나라 사람 모두 이응노 선생에게 진 빚이 있습니다. — 조성룡, 2011년.
Nous devons tous chose à Lee Ungno. — Joh Sung Yong, 2011

예술은 자신의 뿌리를 드러내는 작업입니다. 나는 충남 홍성 사람입니다. — 이응노, 1988년.
L'art permet de révéler ses racines. Je suis un homme de Hongseong, Chungnam. — Lee Ungno, 1988

고암 이응노 顧菴 李應魯 1904년, 홍성 → 1989년, 파리

Lee Ungno, 1904, Hongseong, Corée → 1989, Paris, France

La Maison de Lee Ungno, l'histoire de Lee Ungno | Lee Ungno retourne chez lui

Lee Ungno est né dans un village de Hongseong, Chungnam, province du sud-ouest de la Corée. Il a passéses dix-sept premières années dans ce village, rêvant de devenir peintre. Le paysage montagneux du village a appris petit à petit au jeune homme à se tourner vers l'art. Son village natal a toujours étala source de son art. Même au cours de ses séjours à Séoul, à Tokyo et en Europe. L'artiste n'a pu retourner dans son pays avant sa mort, mais par l'extraordinaire hommage qu'il a rendu àla pensée orientale, son œuvre a trouvé sa juste place dans le monde occidental. ● Aujourd'hui, le village de Hongseong reçoit l'artiste chez lui. L'architecte Joh Sung Yong a tentéde reconstruire la maison de l'artiste et son village en une architecture. Les œuvres constituant la collection témoignent des efforts de Lee Ungno d'harmonisation de l'art d'Occident et d'Orient. Les esquisses du village et les objets qu'il a laissénous promènent à travers son parcours, au cours duquel nous rencontrons maisons en toit de pailles, bois de bambous, champs, étangs et ponts. Nous espérons pouvoir rendre hommage au travail de Lee Ungno, et réussir à exprimer son souhait de la paix et de la réconciliation de l'homme. ● Nous vous invitons à découvrir l'univers de cet artiste qui a vécu le vingtième siècle avec ardeur. Cette promenade sera tortueuse et rude mais vous suivrons tout le long le souvenir de parfum d'encre et un bout de paysage rural.

La Maison de Lee Ungno, l'histoire de son architecture | La Maison de Lee Ungno et l'architecture dans le paysage

L'esprit artistique de Lee Ungno repose tel une strate à Hongseong. J'aurais voulu faire ressurgir son âme à la surface de la terre. ● Nous arrivons à la maison de Lee Ungno en passant par les ponts et les chemins franchis matin et soir par les villageois. Discrète, elle cherche à s'effacer parmi le décor du paysage. Le long des champs de lotus et des talus, nous suivons les sentiers sinueux dessinés des vieilles cartes. ● La maison de l'artiste a été reconstituée d'après ses nombreux dessins et peintures. La maison qu'il y représente est celle de tous les coréens, celle que chacun avons dans notre cœur. ● Un hall central relie les quatre salles d'exposition qui longent la colline. Les ouvertures laissent rentrer et repartir la lumière du soleil et les scènes du paysage. Autour de la maison, l'ocre de la terre brille et apaise. L'énergie et le dynamisme de l'intérieur cherchent l'équilibre avec cet univers extérieur. ● Telle une métaphore de la vie qu'il a parcouru, le chemin qui nous mène chez Lee Ungno est avant tout le témoin de l'histoire moderne tourmentée. L'esprit du visiteur rencontrera celui de l'artiste et créera peut-être une autre strate d'art et d'histoire sur cette terre. — Joh Sung Yong, 2011

Le Parcours de Lee Ungno

Lee Ungno, né en 1904 à Hongseong et mort à Paris en 1989, a consacré toute sa vie à la peinture. Depuis 1924, à l'âge de 21 ans, il reçoit de nombreux prix lors de "L'exposition d'art de Chosun" et débute sa carrière artistique. Après avoir terminé ses études au Japon, il enseigne à l'Université de Hongik, à Séoul. A cinquante ans, il part une nouvelle fois, à Paris. Lee Ungno a promu la technique de la peinture traditionnelle coréenne en Europe non seulement par ses œuvres mais aussi par son enseignement aux élèves des écoles européennes. Il a laissé près de trente mille œuvres traversant la peinture traditionnelle coréenne jusqu'à l'abstraction. ● L'époque de Lee Ungno a connu non seulement l'occupation japonaise, l'indépendance et la guerre des deux Corée, mais aussi la lutte pour la croissance économique et la démocratisation. Lee Ungno a respiré les tragédies de notre histoire moderne mouvementée. Dans les années 1960, il a été incarcéré pour avoir été impliqué dans "l'Affaire de Berlin de l'Est (où le gouvernement coréen l'accuse à tort d'espionnage)", et a été banni de son pays. Ainsi son parcours et sa vie nous montrent son univers artistique et l'évolution de sa conscience. Son art vise à la réconciliation de la Tradition et de la Modernité, de l'Orient et l'Occident et de l'Humanité avec un grand H. S'installer dans le confort n'a jamais été le sujet de son art. ● Et, tout cela est imprégné, ici, dans ses racines. A Hongseong.

고암 이응노, 〈문자 추상〉, 나무 판각, 34×145×4cm, 1969년. (부분) "덕숭산 수덕산방에서 고암 이응노 작".

고암 이응노, 〈문자 추상〉, 한지에 판화, 53.5×34cm. (부분)

집이 풍경을 바라듯, 풍경도 긴 세월 집을 기다려 왔다. — 기념관 북쪽 창에 맺힌 용봉산과 북 카페로 쓰일 부속동, 2011년 가을.

이응노의 집, 이응노 이야기

이응노의 집, 이응노 이야기
고암 이응노 선생을 다시 고향으로 맞이합니다

충남 홍성군 홍북읍 중계리 홍천마을은 고암 이응노 선생이 태어난 생가 터입니다. 선생은 열일곱 살 때 고향을 떠나기 전까지 이 곳에서 자라며 그림에 뜻을 품었습니다. 수려한 용봉산과 월산에 싸인 평온한 마을 풍경은 소년을 예술로 이끌어 준 스승이자 벗이었습니다. ● 평생 서울, 일본 도쿄와 유럽으로, 넓은 세계로 나아가 새로운 예술을 탐구하는 동안 고향 마을은 언제나 작품의 원천이 되었습니다. 유럽 예술계에서 동양의 예술 정신으로 높이 인정받았지만, 고암 이응노 선생은 암울한 시대에 고국에 돌아오지 못하고 끝내 타향에서 눈을 감았습니다. ● 홍성은 고암 이응노 선생을 다시 고향으로 맞이합니다. 이 집과 주변 마을은 건축가 조성룡이 정성을 다해 지었습니다. 기증과 구입을 통한 다양한 컬렉션을 갖추어 동양의 전통 시서화와 서양 현대 미술을 아울러 낸 활달한 예술 세계를 시대별 작품에서 살필 수 있습니다. 선생이 쓰시던 유품과 고향 홍성 스케치는 우리를 예술가의 생생한 삶 속으로 이끕니다. 옛 모습의 시골길은 초가와 대숲, 밭과 연못으로, 다리로 구불구불 이어집니다. 고암 선생의 마음 깊이 든든한 뿌리가 되어 준 풍경 속에서 작품을 보며, 선생이 작품으로 표출한 인류 평화와 화해의 염원을 되새기는 곳이고자 합니다. ● 이 땅에서 태어나 20세기를 치열하게 살고 간 한 예술가, 한 인간의 삶과 마음의 길을 따라 천천히 들어 오십시오. 굽고 비탈져, 어쩌면 조금 거칠지도 모를 이 길을 찬찬히 걸으며 묵향의 여운, 고향의 풍경 한 자락 마음에 담아 가시기 바랍니다.

La Maison de Lee Ungno, l'histoire de Lee Ungno | Lee Ungno retourne chez lui

Lee Ungno est né dans un village de Hongseong, Chungnam, province du sud-ouest de la Corée. Il a passéses dix-sept premières années dans ce village, rêvant de devenir peintre. Le paysage montagneux du village a appris petit à petit au jeune homme à se tourner vers l'art. Son village natal a toujours étéla source de son art. Même au cours de ses séjours à Séoul, à Tokyo et en Europe. L'artiste n'a pu retourner dans son pays avant sa mort, mais par l'extraordinaire hommage qu'il a rendu àla pensée orientale, son œuvre a trouvé sa juste place dans le monde occidental. ● Aujourd'hui, le village de Hongseong reçoit l'artiste chez lui. L'architecte Joh Sung Yong a tentéde reconstruire la maison de l'artiste et son village en une architecture. Les œuvres constituant la collection témoignent des efforts de Lee Ungno d'harmonisation de l'art d'Occident et d'Orient. Les esquisses du village et les objets qu'il a laissénous promènent à travers son parcours, au cours duquel nous rencontrons maisons en toit de pailles, bois de bambous, champs, étangs et ponts. Nous espérons pouvoir rendre hommage au travail de Lee Ungno, et réussir à exprimer son souhait de la paix et de la réconciliation de l'homme. ● Nous vous invitons à découvrir l'univers de cet artiste qui a vécu le vingtième siècle avec ardeur. Cette promenade sera tortueuse et rude mais vous suivrons tout le long le souvenir de parfum d'encre et un bout de paysage rural.

이응노의 집, 이응노 이야기
고암 이응노 선생을 다시 고향으로 맞이합니다

"내가 살았던 곳은 서울에서 남쪽으로 삼백 리 떨어져 있는 홍성에서도 몇십 리 더 떨어진 고요하고 평온한 작은 마을이다. / 우리 집 남쪽으로는 월산이라고 불리는 산이 있었고, 북쪽에는 용봉산이라고 불리는 바위투성이의 봉우리가 있었다. / 아침저녁으로, 그리고 계절에 따라, 이 산들의 모습은 그 이름처럼 보였다. 즉, 월산이 아름답고 수수하고 우아하여 한마디로 여인의 자태를 보여 준다면, 용봉산은 강인하고 위엄 있게 우뚝 솟아 있었다. 선인들은 어찌 이리도 잘 어울리는 이름을 지었을까. 오늘도 그런 생각을 하면서 다시금 감탄을 하게 된다. / 산들은 저마다 꼭 알맞은 높이와 크기를 가지고 있지만 어린 시절 내게 이 산들은 실제보다도 훨씬 커 보였다. 살아가면서 산들은 나에게 많은 이야기를 해 주었다. 올빼미 바위, 새색시 바위, 늙은이 바위, 거울 바위처럼 우리는 바윗돌 하나하나마다 이름을 붙여 주곤 했다. 그것은 단지 생김새

이응노의 집, 황토벽 기념관과 나무로 마감한 부속동 사이로 굽어드는 흙길, 2011년 가을.

때문만이 아니라 그 안의 모든 것들이 사랑하는 사람들의 따뜻한 인상처럼 느껴졌기 때문이었다. 내 마음은 마치 늙으신 부모님이나 형제 혹은 친구에게 끌리듯이 그 바위들에게 끌렸다. / 나는 열일곱 살까지 이러한 자연 속에서 자라났다. 나는 그림 그리기를 좋아했지만 그런 나를 도와 주려고 한 사람은 아무도 없었고 오히려 나를 방해하려고 하였다. 그들은 자신들이 원하는 것을 말했지만, 나는 남몰래 가벼운 마음으로 줄곧 그리고 또 그렸다. 땅 위에, 담벼락에, 눈 위에, 검게 그을린 내 살갗에 … 손가락으로, 나뭇가지로 혹은 조약돌로 … 그러면서 나는 외로움을 잊었다. / 아득히 지나가 버린 시절이 이렇게 또렷이 떠오르다니! 오늘도 내 손은 붓을 잡고 내 눈은 당신을 뚫어지게 바라보고 있다. 지금도 그 때처럼, 그린다는 것으로 나는 여전히 행복하다." (— 고암 이응노, 파케티 갤러리 개인전 도록 서문, 1971년.)

안온한 월산 품에 안긴 '이응노의 집'과 마을 전경, 2011년 가을.

16

고암 이응노, 〈풍경〉, 한지에 수묵 담채, 51×64cm, 1957년. (부분)

기념관 안팎의 콘크리트 벽면에는 나뭇결의 가칠한 질감이 새겨진다.

고암 이응노, 〈풍경 초가집〉, 종이에 채색, 26.5×36.5cm, 1943년 4월 27일(온천 밤줄 부근).

화가의 고향, 화가와 고향 — 이응노의 경우 [김학량]

🌑 화가의 고향, 화가와 고향 — 이응노의 경우 [김학량 글] | 하나 | **이응노와 고향** ☯ 참으로 머나먼 길을 돌아 이응노는 고향에 돌아왔다. 이승을 떠난 지 22년 만에, 프랑스로 귀화한 지는 28년 만에, '동백림 사건'에 얽혀 어이없는 옥살이를 하고 잠시 수덕사에 머물다 간 지는 42년 만에, 그에 앞서 유럽으로 떠난 지는 53년 만에, 소년 이응노가 처음으로 고향 뜨던 그 때로부터는 90여 년 만에, 그는 고향 중계리에 돌아왔다 — 그것도 자기 집에. 이응노 자신이 그린 〈고향집〉(1940년 전후) [주1] 1935년에 일본으로 그림 공부하러 떠난 뒤 새로 배운 동양화법(신남화(新南畵)). [주20] 참고으로 그린 것인데, 마당이 훤히 보이도록 대문간 쯤에 서서 오른쪽으로 외양간, 가운데 살림채, 집 뒤로 산이 비치게 그려 놓았다.

그 모습 그대로는 아니지만,

고암 이응노, 〈풍경 스케치〉, 종이에 채색, 26.5×36.5cm, 1943년 4월 29일(〈어머니 스케치〉의 뒷면).

바로 그 터에 옛 풍모를 살린 생가가 새로 지어졌고, 거기 더해서 어엿한 기념관이 또한 장만되었다. 이번에는 고향이, 그가 그렇게도 그리워하던 고향 인심들이 그를 이 고장의 한 어른으로 정중히 모시게 된 것이며, 그가 한 순간도 잊을 수 없었던 고향 산천이 그를 품에 안게 된 것. 이 산천이 낳은 한 아이가 꿈을 품고서 그 품을 떠난 지 거의 90년 만에 산천은 그를 다시 자신의 품으로 받아들인 것. 퍽 늦기는 했어도, 오랜 세월 이방(異邦)을 배회하던 그의 유혼(幽魂)이 안식처를 얻은 셈이다. 비로소, 온전치는 않으나마. ☯ 거의 모든 예술가에게, 아니 사실은 모든 사람에게 고향이라는 존재는 여러 모로 큰 의미를 갖는다. 고향은 대지(大地)처럼 가없는 사랑의 품을 상징하는 것으로, 많은 경우에 삶의 길을 나서는 최초의 출발 지점으로

고암 이응노, 〈어머니 스케치〉, 종이에 채색, 26.5×36.5cm, 1943년.

서 원초적이고 궁극적인 에너지가 되기도 하지만, 어떤 사람에게 그것은 오히려 떨쳐버려야 할 무엇이기도 하다. 고향이 평화로웠을 수도 있지만, 그 평화로움이 사실은 어떤 억압과 어둠의 뒷면이었을 수도 있다. 고향은 아늑한 엄마 품만 같아서 늘 그립고 돌아가고 싶은 곳이기도 하지만, 누구에겐가는 결코 떠올리거나 돌아가고 싶지 않은 곳일 수도 있다. 어느 쪽이든 간에 고향은 한 존재와 한 인생의 출발 지점이라는 의미에서 모든 사람을 숙연하게 한다. ☯ 고향은 그에게 두 가지 상반된 의미를 띤다. 첫째, 그 곳은 유년기적 원체험을 통하여 세계와 소년 응노가 행복하게 화해(和諧)하고 일치하는 장소였으며, 온전한 미적 체험의 장소였다. 예술가로서 인생을 살아가는 어느 순간에도 그는 고향을 잊지 못했다. 고향은 그의 예술에서 하

용봉산 위에서 내려다본 홍성 읍내.

22

나의 미적 원형이자 미학적 이념이 되었다. 둘째로, 이번엔 그 반대. 고향은 불일치, 모순, 갈등의 온상일 수도 있다. 그래서 떠나야 할 곳. 화가가 되어 "새 인생을 개척하기 위해"[주2] 도미야마 다에코 정리, 「이응노—서울·파리·도쿄(이응노·박인경·도미야마 다에코 대담)」(삼성미술문화재단, 1994년 ; 고암미술연구소 편, 『고암 이응노, 삶과 예술』(얼과 알, 2000년), 351~484쪽에 재수록), 56쪽.

서 그는 고향을 떠나지 않을 수 없었다. 소년이 꿈을 품은 것. 꿈은 고향을 등질 수밖에 없는가. 그는 나중에 "나는 그림에서 살고 그림에서 죽는다"[주3] 김영기, 「고암 이응노 화백의 인생 역정 : 한국이 낳은 화가·1」(『미술세계』, 1994년 5월호, 79~83쪽), 79쪽.고 입버릇처럼 말했는데, 그러한 비전을 실현하기 위해서는 다른 장소, 다른 조건·환경, 다른 제도 들이 필요했던 것. 자기 꿈과 고향 사이에 선 소년은

고암 이응노, 〈산수—안양〉, 한지에 수묵, 20.7×66.5cm, 1969년. **(부분)**

동구(洞口) 밖으로 내달아 저 먼 어느 곳인가로 시선을 아득하게 던질 수밖에. 소년기를 벗어나면서 세상과 자기 삶의 관계에 대한 자의식과 정체성이 움트려고 꼼지락거리는 시점에 이르러 그는 '가출(家出)'을 결심할 수밖에 없었던 것이다.

고암 이응노, 〈풍경〉, 한지에 수묵 담채, 58.8×48cm. (부분)

🌏 화가의 고향, 화가와 고향 — 이응노의 경우 [김학량 글] | 둘 | '고향'을 버려라! 🌏 고향에서 뜨기. 신화의 층위에서 비유하자면, 그것은 모태(母胎)로부터 아기가 세상으로 나오는 것과 같다. 잠의 상태로부터 깸의 상태로, 꿈꾸기로부터 몸 일으키기, 몸 쓰기의 자리로 옮겨 앉는 형국. 이쪽 영역의 문을 나서서 다른 영역의 문으로 들어가기. 이 집에서 저 집으로, 저 집에서 그 집으로, 이응노는 평생 몇 차례에 걸쳐 이렇게 자리를 옮겨 앉게 되는데, 한 자리에 눌러 앉지를 못해, 머물 만하면 뜨고, 어지간히 평온해졌다 싶으면 그예 다시 자리를 털고 일어서기를 체질처럼 행하는 것이다. 예술가로서 스스로를 한 군데에 못 박지 못하는 체질을 특히나 이응노는 타고났던 것. 잠자리가 뒤숭숭해서 몸을 뒤척이는 쪽보다는, 불편한 잠자리를 자청하는 쪽이었다. 불

고암 이응노, 〈소〉, 한지에 수묵, 44×52cm, 1949년.

가적(佛家的) 몸 쓰기에 비유컨대 그것은 '출가(出家)'나 '출문(出門)'이라 부를 수 있겠다. 집[고향]이라는 것을 견디지 못하는 체질, 문을 나서야 마음이 번듯해지는 몸바탕을 그는 지녔던 것. 그는 '몸을 쓰는' 사람이었다. 이응노는 머리 굴리는 예술가가 아니라, 몸을 굴리는 사람이었던 것. 이성적 사유와 말잔치를 내세우는 이른바 '모더니스트'가 아니라, 동물적 몸씀과 비릿한 육체적 감각에 따라 춤추는 자. 구별하는 이성보다, 참여하는 감수성에 가까운 자.

생전에 쓰던 화구들, 기념관 1층 계단.

🎨 화가의 고향, 화가와 고향 — 이응노의 경우 [김학량 글] | **셋 | 고향, 소년의 꿈, 그리고 출가(出家)** 이응노는 1904년 용띠 해 음력 1월, 충청남도 홍성군 홍북면 중계리에서, 대대로 서당을 운영하며 한학을 가르치던 여항문인(閭巷文人) 집안의 5남 1녀 중 넷째 아들로 태어났다. 어릴 적 그는 아버지 문하에서 한문과 서사(書寫)를 익혔고, 홍성 읍내의 보통학교(당시 4년제)[주4] 보통학교(普通學校, primary school) : 1906년 보통학교령에 의하여 설치된 초등 교육 기관. 한말에 제정된 신학제의 소학교를 변경한 것으로, 수업 연한은 4년이고 8세부터 12세까지의 남녀를 입학시켰다. 교과목으로는 수신(도덕)·국어·일어·한문·산술·역사·지리·이과(자연)·도화(미술)·체조·수예(여자) 등이 있고, 선택 과목으로 창가(음악)·수공(공작)·상업이 있었다. 1911년 제1차 조선교육령에서는 4년인 수업 연한을 지역의 실정에 따라 1년 단축할 수 있게 하였으며, 1922년의 제2차 조선교육령에서는 수업 연한을 6년으로 하되 지역에 따라 5~4년으로 하게 하고, 입학 연령은 6세 이상으로 하였다. 보통학교는 1938년 제3차 조선교육령 때 그 이름이 다시 소학교로 바뀌었다. 보통학교는 일상 생활에 필요한 보통 지식을 습득하게 하는 것을 목표로 삼았으나, 일제가 보통학교 교육에서 중점을 둔 것은 일어 교육과 직업 교육으로서, 일인화(日人化)를 위한 교육과 근로인 육성이 더 근본적인 목적이었다.

고암 이응노, 〈문자 추상〉, 한지에 판화, 56×44cm, 1978년. (부분)

를 다니기도 했다. 그런데 응노의 부친이 워낙 완고해 보통학교를 통해 새로이 보급되던 신식 교육을 못마땅해 했고, 거기다 아버지 서당의 학동(學童)이 점점 주는 바람에 집안 형편도 날로 어려워져 학교를 그만두게 되었다. 보통학교의 정규 교육을 중도 하차한 뒤에는 아버지한테서 한문을 배우고 집안 살림을 거들며 성장해 갔다. ☯ 열 살 이전 보통학교를 다니는 동안에 응노는 도화(圖畵) 교육을 받으면서 그림 그리기에 재미를 붙였다. 그러나 응노의 아버지는 '그림 같은 것은 상놈들이나 그리는 것'이라며 꾸짖기 일쑤였고, 그는 그런 아버지 몰래 혼자서 그림 그리기를 즐기며 재능을 키워 나갔다. ☯ "나는 그림 그리기를 좋아했지만 그런 나를 도와 주려고 한 사람은 아무도 없었고 오히려 나를 방해하려고 하였다. 그들은 자신들이 원하는

28

것을 말했지만, 나는 남몰래 가벼운 마음으로 줄곧 그리고 또 그렸다. 땅 위에, 담벼락에, 눈 위에, 검게 그을린 내 살갗에 … 손가락으로, 나뭇가지로 혹은 조약돌로 … 그러면서 나는 외로움을 잊었다."[주5] 이응노, 파케티 갤러리 개인전(1971년, 파리) 도록에 실린 서문. 고암미술연구소 편, 『고암 이응노, 삶과 예술』(열과 알, 2000년), 324~325쪽에서 다시 인용. ◉ 열여섯에는 관습에 따라 부모가 정해 준 대로 결혼까지 하기에 이른다. 이런 소년기 성장 과정을 거치면서 응노는 초조해지지 않을 수 없었을 것. 비록 궁벽한 시골이지만 신식 교육과 새 문물이 사회를 재편하고 있었고 응노 또래 아이들도 새 환경에 맞추어 살 궁리를 하는 축이 많았던 터. 토착 환경과, 문명 개화(文明開化)라는 근대 지향성 사이, 이쪽이냐 저쪽이냐, 어떻게 살아야 하느냐. 머리가 점차 트이는 십대 후반 소년 응노는 이

고암 이응노, 〈풍경〉, 비단에 담채, 34.5×48cm, 1940년대 후반. (부분)

곤혹스러운 질문에 스스로 시달리게 된 것. ☯ "나는 결혼같은 것에는 흥미가 없었고, 그보다 내 자신의 인생에 관한 것을 차츰 생각하기 시작하였습니다. 마을 친구들은 학교에 다니면서 일본말을 하고 서양식 양복도 입고 있어서 내가 보기에 시대를 앞서 가는 신사처럼 보였어요. 그런 모습이 부러워서가 아니라, 나는 이대로 있어도 좋은 것인가를 수없이 자문하게 되었지요."[주6] 도미야마 다에코, 『이응노―서울·파리·도쿄』, 55쪽. ☯ 서당에서 한문이나 공부하고 있을 시대가 아니라는 것, 새것을 배워야 함. 그 시대 자체가 이미 절절히 치를 떨어 가며 역설하고 주장하던 '새것'을 향한 열망이, 이 어린 소년에게만 없을 리는 없는 것. 더군다나, 제도 교육을 통해 심신을 정비하고 세상을 인식하고 개념적·실용적 지식을 축적해 가는 사람에게 주어지는 가장 큰

고암 이응노, 〈산수화〉, 한지에 수묵 담채, 43×58cm, 1950년대, 마이아트 공상구 기증.

혜택이자 보람으로 꼽게 되는 것이 입신출세(立身出世)의 가능성일진대, 이 문을 일단 놓친 응노에게는 더욱 그럴 것이다. 그 문을 통과하지 못했다는 점은 아마 일생 내내 어떤 식으로든 그의 삶에 작용할 수밖에 없을 터이다. 그렇지 않겠는가. 그렇다면 어떡해야 할까. ☯ "새 시대의 거대한 물결이 다가오는데도 우리 집만이 동떨어진 채로 아무런 희망도 가질 수 없으니 어떻게 하면 좋을 것인가. 이런 것들에 대해서 정말 심각하게 고민했습니다. 그리고는 모든 것을 다 버리고 나의 새 인생을 개척하기 위해 경성으로 가기로 결심을 했답니다. 화가가 되겠다고요."[주7] 도미야마 다에코, 『이응노—서울·파리·도쿄』, 56쪽. ☯ 그가 할 수 있는 것은 모험, 개척, 그리고 자수성가(自手成家). 삶이 몹시 분주해지는 것이다. 여기서 조만간 그가 고향을 뜨지 않을 수 없

용봉산 위에서 내려다본 중계리 홍천마을. 높고 낮은 주위 산에 둘러싸인 터가 더없이 안온하다.

는 까닭이 싹터 버린 것. 떠야 하는 곳이더라도 고향은 각별한 것. 이응노에게는 더욱 그렇다. ☯ 그의 고향은 지금 와 보아도 아주 조용한 농촌 마을로, 홍성읍에서 이십여 리 떨어져 있다. 고향은 아름답고 의미심장한 곳이었다. 그 자신이 회고한 바에 따르면, "남쪽으로는 월산이라고 불리는 산이 있었고, 북쪽에는 용봉산이라고 불리는 바위투성이의 봉우리가 있"[주8]
이응노, 파케티 갤러리 개인전(1971년, 파리) 도록에 실린 서문.『고암 이응노, 삶과 예술』324쪽에서 다시 인용.는 고요하고 평온하며 한적한 시골이었다. ☯ "산들은 저마다 꼭 알맞은 높이와 크기를 가지고 있지만 어린 시절 내게 이 산들은 실제보다도 훨씬 커 보였다. 살아가면서 산들은 나에게 많은 이야기를 해 주었다. 올빼미 바위, 새색시 바위, 늙은이 바위, 거울 바위처럼 우리는 바윗돌 하나하나마다 이름

고암 이응노, 〈용〉, 한지에 수묵, 134.5×69.5cm.
"천구백사년생, 용몽 자, 고암 이응노 서."

을 붙여 주곤 했다. 그것은 단지 생김새 때문만이 아니라 그 안의 모든 것들이 사랑하는 사람들의 따뜻한 인상처럼 느껴졌기 때문이었다. 내 마음은 마치 늙으신 부모님이나 형제 혹은 친구에게 끌리듯이 그 바위들에게 끌렸다."(주9) 이응노, 파케티 갤러리 개인전(1971년, 파리) 도록에 실린 서문. 『고암 이응노, 삶과 예술』 324쪽에서 다시 인용. ☯ 그러한 자연의 품에 안겨 그는 모든 것과 사귀고 같이 놀며 '대화' 했다. 이응노의 유년기 기억을 아름답게 물들이는 이 사귐과 놂, 그리고 대화는 그에게 최초의 '미적 경험'이 되었다. 이 미적 경험은 그와 환경, 그와 세상 사이의 온전한 융합, 가슴 벅찬 통일감이다. 유년 시절의 이 체험과 그것에 관한 기억은 그의 삶 전체를 뿌리로서 떠받치고 있었고 어떤 원초적 에너지가 되었다. 한 생애 동안 그가 겪은 갖은 곡절과 아픔도 그 뿌리로

부터 샘솟는 원기(元氣)에 의해 정화되었다. 이런저런 상처로 시달릴 때에 그것을 치유해 주는 힘도 거기서 나온 것이었다.

들고 다니던 화구통과 화구, 낙관들. 마당의 돌 위에.

🌀 **화가의 고향, 화가와 고향 — 이응노의 경우 〔김학량 글〕** | 넷 | **첫 입문 : 서화** 🌀 이응노에게 고향은 이제 벗어나야 할 곳이 되었다. 유소년기를 거치는 동안 삶의 최초의 근거였던 고향과 집안, 그리고 그 곳을 받치고 있는 문화적 토대를 떠나기로 한 것이다. 나이 열아홉, 소년티를 벗으며 머리 굵어진 청년은 유소년기의 둥지를 떠나 새 길을 찾아 나섰다. 자, 떠나고 보는 것이다. 손에 쥔 것 아무 것도 없이, 그야말로 혈혈단신 외돌토리로, 장래를 보장할 만한 아무 밑거름이나 터무니도 없이, 무작정 걸음을 떼어 옮기고 보는 것이다. 그 지점에서 그를 이끄는 것은 오직 알 수도 없고 보이지도 않는, 오리무중의 미래뿐이었다. 🌀 드디어 응노는 1922년, 상경을 감행한다. **(주10)** 그러기 전에 응노는 충남 당진의 서화가 송태회(宋泰會, 1872~1941년)에게서 몇 달간 서화를 사사(師事)하였다. 경성에 도착

해강 김규진, 〈대나무〉, 한지에 수묵, 126.6×35.3cm.
고암 이응노, 〈대나무〉, 한지에 수묵, 130×29.5cm, 1940년, 학고재 우찬규 기증.

한 그는 생계를 위해 장의사에 취업하여 상여에 장식 그림 그리는 일을 한다. 얼마 후, 해강 김규진(海岡 金圭鎭, 1868~1933년)을 찾아가 문하에 들게 해 줄 것을 십 수 차례 간청한 끝에 겨우 허락을 받았다. 스승의 서생(書生) 노릇을 하며, 먹 갈고 집안 청소하고, 자제를 유치원에 데리고 다니는 등 허드렛일을 하면서, 밤이 되어야 겨우 그림 그릴 시간을 얻을 수 있었다.

[주11] 김영기,「형의 예술은 우리 곁에 영원할 거요」(고암미술연구소,『32인이 만나 본 고암 이응노』, 얼과 알, 2001년), 166쪽. '자제'는 청강 김영기의 아우를 일컫는다. 김영기는 1950년대 말에 '동양화'를 '한국화'로 개칭해야 한다고 처음 문제 제기한 이후 1970년대까지 꾸준히 주장을 펴갔다. 제도권에서는 1980년대 초에 '한국화'를 공식 채택했다.

그는 스승의 화본(畫本)[주12] 김규진은 1918년, 51세에『해강난죽보(海岡蘭竹譜)』를 간행하였다.을 익히면서, 산수·인물·화조·사군자·영모·어해·기명절지 등 문인

고암 이응노, 〈대나무〉, 한지에 수묵, 132.5×33.5cm, 1940년. (부분)
죽사 이응노, 〈대나무〉, 한지에 수묵, 139.5×34cm. (부분)
고암 이응노, 〈대나무〉 12폭 중 한 폭, 한지에 수묵, 128.2×33.8cm, 1969년. (부분)

화법과 서예를 두루 익혀 갔다. ☯ 예술가로서 이응노는 이렇게 서화(書畵)에서 출발했고, 그것이 그의 작품 세계의 첫 국면(1924~1935년)을 이루었다. 그를 서화가로서 예술계에 등재시킨 첫 공식 작품은 〈풍죽(風竹)〉인데, 이 그림은 1924년 제3회 《조선미술전람회》 [주13] 일제 강점기에 조선총독부가 개최한 미술 작품 공모전. 줄여서 '선전(鮮展)'이라 부른다. 1922년부터 1944년까지 23회를 거듭하였다. 관전(官展) 형식의 권위주의로 한국 근대 미술 전개에 매우 큰 영향을 미쳤다. 조선총독부의 이른바 문치 정책의 하나로 창설되어 많은 미술가들을 배출하고 성장하게 하는 등, 작가 활동의 기반 조성에 기여한 바도 있다. 하지만 한국 근대 미술의 일본화(日本化)를 촉진하는 구실을 함으로써 화단을 일본화(日本畵)의 영향으로 물들게 하였다. (출처 : 한국민족문화대백과). 앞으로는 《조선미전》이라 부름. 의 제3부 '서 및 사군자부'에 출품하여 입선한 것이다. [주14] 이즈음 이응노는 김규진의 '서화연구회'와, 김은호(金殷鎬, 1892~1979년), 변관식(卞寬植, 1899~1976년), 이병직(李秉直, 1896~1973년) 등이 동인으로 있던 '고려미술원' 연구생으로서 습작기를 보내고 있었고, 그 첫 성과가 이 작품이다. 스승 김규진은 이응노에게 서화가로서 대나무처럼 늘 푸르게 살라는 뜻으로 '죽

이응노의 그림을 토대로 지은 초가 뒤 비탈에는 대숲을 조성해 옛 마을의 정취를 살렸다.

사(竹史)'라는 호(號)를 하사했고,《조선미전》입선 이후 영남 지방이나 금강산 여행에 데리고 다니기도 할 만큼 그를 아꼈다. 무단 가출 하다시피 한 넷째 아들 응노를 부친도 그제야 서화가로서 인정하게 되었다.

  스승의 집에 기숙하며 그림을 배운 지 2년 남짓 되었을 때 응노는 그림에 좀 더 매진하기 위해 독립했다. 그러나 생계가 문제였다. 표구점과 간판점에서 한 해 남짓 일하다가 1926년, 스물세 살 되던 해에 전주로 내려가 '개척사(開拓社)'라는 간판점을 차렸고, 수완이 좋은 그는 그것을 성공적으로 운영하였다. 그러나 생계를 돌보는 사이에 그림은 아무래도 뒷전으로 밀려나기 마련.《조선미전》에 해마다 출품은 했지만 여섯 해를 내리 낙선하였다. 그러다 어느 해, 친구네 돌잔치에 가는 길에, 비바람에 어지러이 춤추는 대숲에서, 입때껏 자신이 그려 온 대그림이 판에 박힌 것이었음을 깨닫게 된다. 아뿔싸! 내

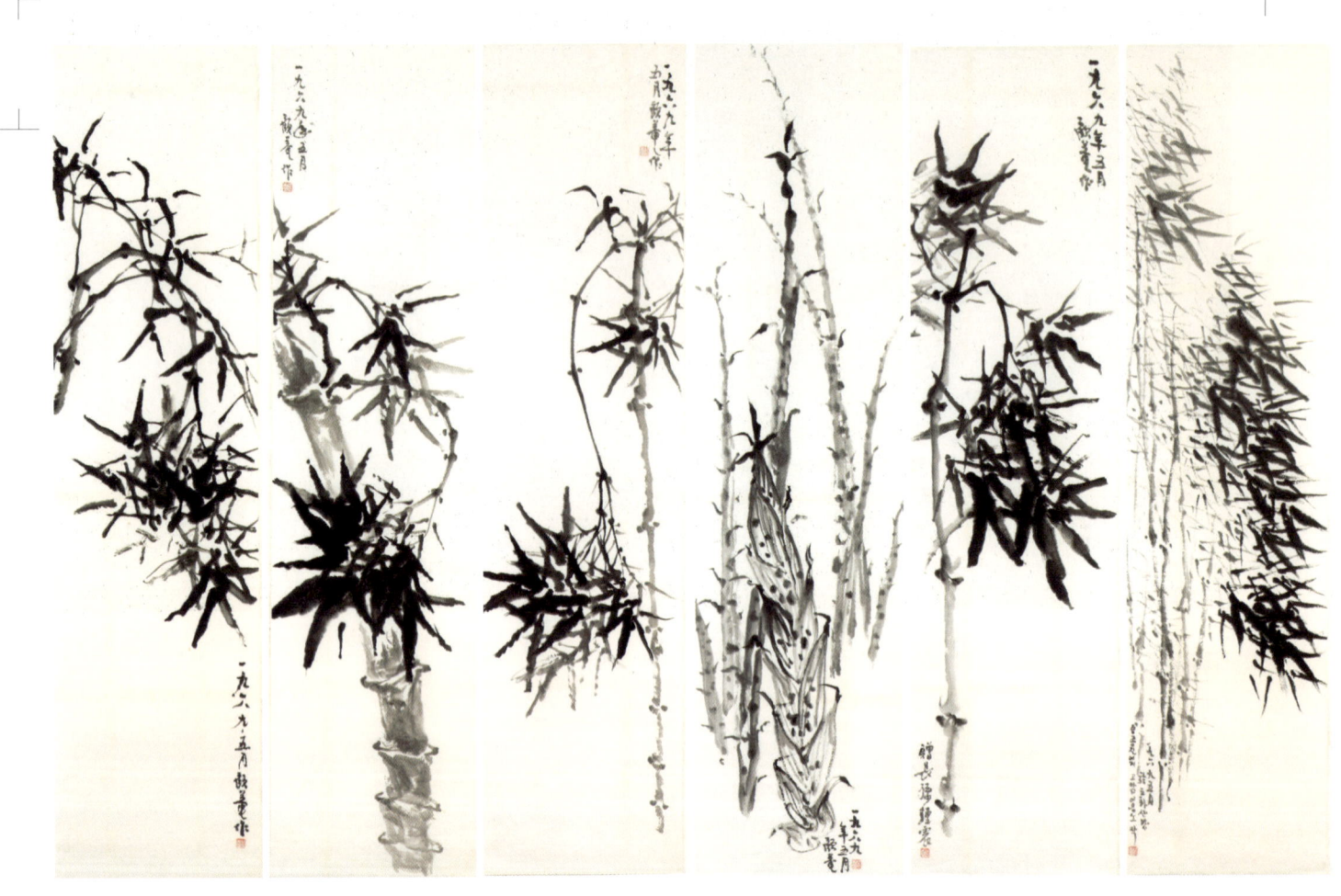

고암 이응노, 〈대나무〉 12폭, 한지에 수묵, 128.2×33.8cm, 1969년.

가 여태 '대나무를' 그려 온 게 아니라, 대나무 '그림을' 베껴 오고 있었구나! 자, 그럼 이제 응노의 그림은 어떻게 되겠는가. 그림을 보고 그림 그리기로부터, 대나무를 보고 그림 그리기로, 바꾸지 않겠는가. [주15] 이 일화를 고비로 이응노의 대나무 그림은 실제로 바뀐다. 1931년《조선미전》에 출품한 〈풍죽〉(특선, 이왕직상)서부터 자못 다르다. 생기가 감도는 것이다. ☯ 전통 문인화의 주요 주제인 사군자와 더불어 시작된 그의 초기 작업은 과거의 주제와 미감, 그 형식적 틀, 그 이데올로기로부터 출발한 것이다. 말 그대로 관례를 따른 것이지 작가 자신으로부터 나온 것이 아니었다. 이응노뿐만 아니라 당시《조선미전》을 통해 일제 강점기 내내 반복 재생산된 사군자는 당대 즉 '현재(現在, The Present)'에 대응하는 것이 아니었다. 그 자신이 20대를 "우리 나라 전통의 동양화와 서예적 기법을 기초

로 한 모방 시기"라고 회고했듯이, 이 그림들에는 작가가 몸소 겪은 세계에 관한 그 어떤 실마리도 들어 있지 않다. 그것은 현재라는 당대의 조건 안에서 산출된 것이 아니며, 오래 묵은 문화적 관성의 거의 마지막 그림자처럼 보인다—말하자면 이미 관례화된 기존의 '공식'. 공식 베끼기로서의 그리기. 기억하기로서의 그리기. 그러면, 옮기기, 베끼기, 기억하기로서의 그리기 말고 다른 그리기가 있었을까? ☯ 그가 고향을 무단 가출하여 경성에 무단 잠입하였을 때 그의 앞에 놓인 것은 무엇이었을까. 도시. 전원이 아니라, 그의 육신을 도시가 둘러싸고 있었던 것—1920년대, 경성. '모던(modern)' 도시. 거기엔 온갖 새로운 살림살이가 펼쳐져 있었다. 전기, 전차, 도로, 모던 뽀이, 모던 걸, 다방, 극장, 자동차, 전화, 신문, … 그리고 '미술(美

여름, 이응노의 집 연밭.

術)'이라는 것—동양화, 서양화, 조각, 공예. 전통 회화는 그 새 종목들 사이에 '서' '사군자'라는 이름을 빌려, 꿰다 놓은 보릿자루처럼 비실거리는 품새를 벗을 수 없었다. 옛것은 비실거리고 새것이 떵떵거리는 형국. 더군다나 '산수'니 '서'니 '사군자'니 하는 옛 품새를 가지고는 어지러이 소개되고 유통되는 '신문명'이나 '모단 라이프(modern life)'를 마주하기 어렵잖겠는가. 안 그래도, 여기저기서 '서'니 '사군자'니 하는 게 '예술'이냐, 비아냥거리는 소리가 들끓는 판이었다. ◑ 그 당시 이광수(李光洙, 1892~1950년)나 변영로(卞榮魯, 1898~1961년) 같은 지식인들도 나서서 동시대의 서화는 "단지 선인(先人)의 복사(複寫)요 모방(模倣)이며 낡아 빠진 예술적 약속을 묵수(墨守)"할 뿐 '시대 정신'은 결여된 예술이라고 비판하고 있었다.

고암 이응노, 〈취필화〉, 한지에 수묵, 34×134.7cm, 1956년. (부분)

[주16] 변영로, 「동양화론」, 『동아일보』 1920년 7월 7일자. : "… 어느 시대든 그 시대의 회화를 보면 그 시대의 문화적 성쇠와 그 시대 국민의 사상과 감정의 향방이 어떤가를 짐작할 수 있다. 따라서 시대 정신은 회화뿐 아니라 모든 예술의 피요 살이요 향기이며 색이다. … 그러나 동양화를 보라 — 특히 근대의 조선화를. 어디 터럭만큼이나 시대 정신이 발현된 것이 있으며, 어디 예술가의 크고 독특한 화의(畵意)가 있으며, 어디 예민한 예술적 양심이 있는가를! 단지 위대한 선인에 대한 복사요 모방이며 낡아 빠진 예술적 약속을 묵수하고 있을 뿐이다. …"

이응노가, 또한 당시 거의 모든 그림쟁이가, 자신이 서술하는 문장의 주어가 아니었던 것(혹은, 주체일 수 없었던 것). 그들 주변에는 유령들이 득시글거렸던 것 — 서화라는 유령, 미술이라는 유령. 그들이 무엇인가를 하긴 하는데 대체 그 무엇을 '어떻게' 또 '왜' [해야] 하는가에 대해 어떤 자각을 할 정도로 의식이 여물지는 못했다. 그것은 달리 말해서 자신의 존재 이유를 '묻는' 의식일 텐데, 그런 물음이 당대의 서화가들에게는 미처 준비되지 못했던 것이다. 그럴 경우 예술가의 존재라는 것

고암 이응노, 〈취필화〉, 한지에 수묵, 32.3×124.5cm, 1950년대 후반. (부분)

은 자칫, 원격 조종되어 그림을 쏟아 내는 TV 모니터와 비슷한 처지가 될 수밖에. ☯ 그렇다면, 가까스로 질문은 던졌으나 스스로 해답을 내 놓기엔 곤란한 지경에서, 어떻게 할 것인가. 또다시 '가출'하지 않으면 안 되었던 것. 다른 길을 찾아야 했던 것. 이미 도시에는 '미술'이라는 새 길이, 마치 신작로 나듯 나 있었고 적지 않은 화가들이 그 새 길을 걷고 있었다. 저 길이라면 어떨까. 그의 나이 30대에 들어선 응노는 일본으로 향했다.

🌐 화가의 고향, 화가와 고향 — 이응노의 경우 [김학량 글] | 다섯 | **다시 출가, 그리고 두 번째 입문 : '미술' / '동양화,' 그리고 풍경** 🌐 도쿄에 정착한 이응노는 20대의 유학생들처럼 미술 대학에 가지 않고 사설 강습소[가와바타 미술 학교(川端畵學校), 혼고 회화 연구소(本鄕繪畵硏究所)]나 개인 화실[마츠바야시 게이게츠의 덴코 화숙(天香畵塾)]에서 서양화와 일본화를 배웠다.^[주17] 《조선미전》특선(1931년, 〈풍죽〉)까지 한 기성 화가로서 뒤늦게 제도 교육을 받아야 할 필요를 느끼지 못했을지도 모른다. 그는 특히 '사생(寫生)'^[주18] 개화기(1890년대~1910년대 초)에 이미 유럽식 '미술' 개념이 교과서를 통해 보급되었고, 거기서 "그림은 아무 것이나 눈에 보이는 대로 그리는 것"(1896년, 학부 편찬 『심상소학』)이라고 정의했다. 미술이든 사생이든 그것이 자리 잡은 주요 논점은 내 눈으로 본 것, 내 육신으로 겪은 바, 내가 실제로 체험한 것을 그린다는 점이다.

을 강조했던 스승 마츠바야시 게이게츠(松林桂月, 1876~1963년)에게서 깊은 감화를

고암 이응노, 〈풍경〉, 한지에 수묵 담채, 44.5×60cm, 청관재 박경임 기증.

받았다. [주19] 마츠바야시 게이게츠는 당시 일본 남화(南畵)의 대가 중 한 명으로 이름 나 있었고, 《조선미전》 심사위원으로도 참여했다. 마츠바야시는 이응노를 몹시 아꼈던 듯하다. 그는 이응노를 위하여 손수 서문을 쓴 방명록(1937년)을 증정했고, 해방 이후에도 꾸준히 서신을 교환했다. 유족이 보관해 온 그 자료가 '이응노의 집'에 소장되어 있다.

물론 1930년 무렵의 대숲 일화에서 이미 그 자신이 '사생'에 눈뜬 바 있지만, 마츠바야시의 가르침은 오래도록 여운을 남겼다고 한다. 일본에 건너간 이후 해방 직전에 귀국하기까지, 10년을 조선과 일본을 오가며 《조선미전》과 일본의 《일본화원전》 등에 출품하며 활동하는 동안, 이응노는 주로 '풍경화'를 그렸다. 그 사이에 전주와 경성 등지에서 개인전도 여러 차례 열었는데, 그는 자신의 풍경화를 '신남화(新南畵)'라고 불렀다. [주20] '신남화'는 물론 이응노가 지어낸 말은 아니다. 에도 시대(江戶時代)에 중국풍 문인화 전통을 받아들인 일본 화

고암 이응노, 〈팔각정〉, 종이에 채색, 29×37cm, 1953년, 가나아트센터 이호재 기증.

가들은 그것을 '남화'라고 불렀고, 메이지 유신(明治維新) 이후 받아들인 유럽 풍경화 양식을 다시 남화와 혼합하여 새 양식을 고안해서 '신남화'라고 이름 붙였다. 이 신남화풍은 식민지 시대 《조선미술전람회》 동양화부를 통해서 근대 산수화의 주류를 이루었는데, 대체로 고적(孤寂)하고 황량한 느낌을 주는 그림이 많았다. 이응노는 일본에 건너간 뒤 처음 4~5년간은 단단한 형태감과 짜임새 있는 구도로 된 서양화풍 수묵화를 그리다가 그 후 1940년대 전반에는 경쾌한 스케치 풍에다 동양화다운 필묵 맛을 앞세우는 쪽으로 방향을 바꾸었다.

사생을 기본 틀로 삼는 신남화를 통해 이응노는 '서화가'로부터 '동양화가'로 전신(轉身)했다. '서화'에서 출가하여 '미술'로, '사군자'에서 출문하여 '풍경화'로 입문(入門)한 것. 그를 작가로서 성장하게 한 서화/사군자의 품을 떠난 것. ☯ 그런데 그는 왜 다시 고향(서화)을 떠나야 했을까. 사실 사정은 간단하다. 1920~1930년대 자본주의를 근간으로 한 소비 도시의 면모를 이미 유감없이 지녔던

고암 이응노, 〈수덕사〉, 종이에 수묵 담채, 119×30cm, 1940년대 전반, 마이아트 공상구 기증.

경성의 삶을 드러내는 데에 종래의 지필묵과 그것을 통해 수행되는 서화의 문법이 일종의 언어로서 가질 수 있는 효용의 폭은 그만큼 비좁을 수밖에 없지 않았겠는가. 이대로 사군자 울타리에 갇혀 지내다가는 점점 시대에 뒤떨어지지 않겠는가. 소년 시절 고향에서 느꼈던 위기 의식이 문제를 달리해서 또 나타난 것. 위기감에 다시 한 번 조바심 나게 된 것. 말하자면 '모던 라이프'를 재현하는 데에 서화 대 미술, 사군자 대 풍경화에서 어느 쪽이 유리할까. 새롭고 낯선 삶을 상대하는 데에 새롭고 낯선 예술 형식이 가진 상대 우위가 있지 않았겠는가. 어떤 삶의 조건과 형식이 자기한테 걸맞은 예술 형식을 데리고 다니는 것임은 자명하다. 이러니 당대의 많은 지식인들이 '신문명'과 미술이라는 새 예술 패러다임에 열광할 수밖에 없지 않았겠

고암 이응노, 〈풍경〉, 한지에 수묵 담채, 38.5×52.2cm, 1940년대 후반.

는가. ☯ 그럼 서화/사군자라는 고향을 떠나 미술/풍경화에 입문한 뒤 '사생'을 화두로 삼은 그의 몸은 또 무엇을 얻었는가. 현실을 보게 된 것. 내 몸 '앞에' 강렬하게 현존하는 또 한 몸인 현재─세계(바꿔 말하면 '이승')를 '직시'하게 된 것. '현재'에 몸 담고 있는 자신을 의식하게 된 것. 내가 세상을 보고 있다는 자의식이 싹튼 것. [주21] 그에 반해 이전 그의 고향이었던 서화/사군자는, 현실로부터 예술을 추구해 가는 것이 아니라, 이미 고려 중기 이후 800여 년에 걸쳐 가꾸어 온 문사적(文士的) 여기(餘技) 문화의 잔영이 스며 있어서, 문사철(文史哲)과 더불어 수행되는 일종의 심성 양성의 영역에 속해 있는 것이었다(홍선표, 『한국근대미술사』(시공사, 2009년), 20쪽 참고). 그러니 서화/사군자는 (세상을 마주하고서 그것에 관해 그리는) 그리기의 영역보다도 은유적 쓰기의 영역에, 따라서 문학·철학 영역에 가까운 것이었다.

후에 그는 이 맘 때의 자신을 이렇게 회고했다 : "자연 물체의 사실주의적 탐구 시대." [주22] 신세계미술관 개인전(1976년) 도록 서문. 고암미술연구소 편. 『고암 이

고암 이응노, 〈무제〉, 한지에 담채, 35×39cm, 가나아트센터 이호재 기증.

응노, 삶과 예술』(얼과 알, 2000년), 329~330쪽에 재수록. 이 말을 풀면 당시 그가 화가('미술가')로서 지녔던 목표를 이렇게 평가할 수 있겠다 : 객관적으로, 사람이 지닌 오감으로 파악할 수 있는 세계와 그의 현상, 그리고 사물 ; 사념(思念)을 앞세우기보다 사실을 좇기 ; 은유나 상징의 형식으로 이치를 궁리하기보다 있는 그대로의 사실을 재현하기.

미술이라는 새 길을 따라 걸으면서 그는 이승의 풍경과 삶을 기록했다. 꼼꼼하게, 하나하나 톺아 가며, 돌아서면 잊을까 하여 본 것을 그대로 '기입(記入)'한다. 기입하는 자. 이승에 속하지 않는 먼 이상을 동경하며 속진(俗塵)을 초월하고자 하는 심산이 아니라, 있는 것을 그것이 놓인 그 자리에서 확인하고 갈무리하기. 따라서 이제 이응노의 그리기는, 서화적 쓰기와는 다른 차원에서, 쓰기가 되는 것. 그는 바짝 긴장해서 쓴다. 일본에서 조선으로 오가며 10년을 그렇게 '땅을' 밟았다. 바지런히 움직여 풍경에 몸을 쐬

고암 이응노, 〈한강 풍경—밤섬〉, 한지에 수묵 담채, 39.2×52.5cm, 청운대학교 총장 이상렬 기증.

었다. ◉ 숱한 그의 스케치와 그림에는 30대 장년의 이응노가 몸을 굴린 경로와 흔적이 그대로 적혀 있다. 서화로부터 미술(동양화)로 길을 옮겨 얻은 가장 생생한 성과는 1944년 작 〈홍성월산하(洪城月山下)〉에 나타난다. 고향이어서일까. 그림 안에 기념비적이라고 할 만한 요소는 없지만, 그림으로 둔갑한 그의 고향은 화면 안에서 생기를 띠고 지금도 숨 쉬고 있다. 오로지 몸을 굴리고 땀 흘려서 얻은 생기.

1958년 '고암 이응노 도불전'의 방명록, 1층 로비 철판 벽.

🌐 화가의 고향, 화가와 고향―이응노의 경우 (김학량 글) | 여섯 | **식민지 이후―도시, 사람, 삶** 🌐 그런데 이응노가 20~30대 청장년 시절, 서화와 미술(동양화)이라는 길을 걸어오는 동안, 세월은 어떠했는가. 식민지 상황이라는 모진 세월 아닌가. 아뿔싸! 식민지라는 삶의 조건 안에서 수행하게 되는 서화와 미술. 식민주의 문화 정치라는 울 안에서 그리기. 서화와 미술 위에 조선총독부의 정치와 그의 힘(규율 권력)이 있었던 것.《조선미전》이라는, 유일한 작가 공인(公認) 장치가 그것. 작가 지망생들은《조선미전》이 권장하는 예술 이념(순수 미술!―그림은 그림일 뿐, 오해하지 마시길!)과 스타일(고전주의+인상주의)과 주제(한산하고 적막한 산천, 도시 뒷골목, 고적한 문화 유산, 무기력한 여성과 아이들, 멍한 시선을 한 신여성, 정물 등)에 갇혀 있어야 했다.

고암 이응노, 〈밤 풍경〉, 한지에 담채, 34×41cm.

서화의 관념 틀을 떠나 현실을 보게 되었지만, 작가들은 현실의 구조를 분석·비평하는 데까지 나아가지 못하고 현실의 피부를 쓰다듬는 데에서 그쳐야 했다. 내심 한구석에 식민주의에 저항하는 자의식 같은 것이 자리 잡았더라도 그것이 화면에 드러나는 것은 곤란했다. 식민지 문화 정치가 요구하는 '향토주의'〔**주23**〕 향토주의는 조선의 민속적인 소재나, 새 문명에 침윤되지 않은 목가적인 산천과 거기서 꾸리는 삶을 그리는 경향을 일컫는다. 《조선미전》 일본인 심사위원들이 적극 권장하여 《조선미전》의 주요 경향을 이루었다. 해방 이후에도 1970년대까지 《대한민국미술전람회》를 통해 지속되면서, 산업화 이면에서 도시 사람들이 고향 향수를 달래는 방편으로 활용되었다. 가 온상(溫床)으로 자리 잡았고, 화가들은 그 비닐막 안쪽의 따스한 공기―순수 예술―에 적응했다. ☯ 이응노도 그 식민주의 늪에서 빠져나올 수 없었지만, 다행스러운 것은 그가 늘 몸을 굴리며 땅을 밟고 다녔다는 것. 풍습과 풍광을 자신의 몸 안에 차

홍성, 시장, 사람, 풍경.

곡차곡 쌓아 갔던 것. 그 체질과 버릇이 온축되어 '식민지 이후'에 성과를 보인다. 해방 공간에 그린 걸작은 역시 〈거리 풍경—양색시〉(1946년)이다. 거리낌 없다. 이로부터 1950년대 중반까지 자신의 40대를 살면서 그는 사람을 만난다. 사람, 사람, 사람. 30대의 풍경에 이어, 40대엔 풍경에 섞여 사는 사람을 그린다. 그것도 도시. 30대엔 자연, 40대엔 도시—사람. 1940~1950년대 도시의, 보잘것없고, 해어지고 밑바닥 훤한, 뒤숭숭하고 비릿한 삶과 상처에 붓을 적신다. 〈영차영차〉(1954년)와 〈취야〉(1955년)를 보라. 이렇게 비릿하고 찝지름한 땀냄새가 숨을 막을 정도로 풍겨 오는 그림이 있던가.[주24] 이러한 시도는 이 시절을 지나 1980년대에 이르러 더욱 두드러진다. 황재형, 이종구, 신학철, 민정기, 오윤 들이 있지 않은가. 1980년대! 영차, 영차! 마지막으로 남은 몸뚱어리를 놀리며 어떻

고암 이응노, 〈영차영차〉, 한지에 수묵 담채, 42.5×65.5cm, 1950년대, 청관재 박경임 기증.

게든 살아가야 하는 민초들의 신산하고 옹색한 낮과 밤이 그림에는 드물던 연대에, 어렵사리 이응노가 있었음을 우리는 안다.
☯ 이쯤부터이면, 서화니 미술이니 하는 틀거리가 문제되지 않는다. 곤경에서나마 건강한 삶의 늪이 있고, 그것을 비켜 가지 못하는 그의 체질과 버릇이 있고, 그의 몸을 따르는 붓과 종이가 이응노에게 있을 뿐이었다. 예술이란 말이여, 하는 투의 폼 잡기가 그에게는 없다. 아니 평생, 그는 폼 한 번 잡을 겨를이 없었다. 그림 그리는 일이 유일한 일로서 그를 이룰 따름이었다.

『동양화의 감상과 기법』 등의 저서와 직접 만든 미술 교과서 원본과 가편집본.

화가의 고향, 화가와 고향 — 이응노의 경우 (김학량 글) | 일곱 **인간과 현실, 그리고 반추상** 해방 공간에서 1950년대 중반에 이르는 사이, 이응노의 그림은 해방 이전에 비해 아주 활달해졌다. 예전에는 풍경을 정중하게 묘사하는 태도가 앞섰는데, 해방 이후에는 화가의 흥이 앞선다. 풍경과 사람들을 가까이서 관찰하고 그 자리에서 바지런하게 적듯이 붓놀림에 율동이 실린다. 이전에는 정좌하고서 꼼꼼하게 살펴가며 풍경을 적어 넣듯이 했는데, 인제는, 특히 6·25 이후에는 풍경의 인상만 포착하면 그 다음엔 붓이 화가의 흥취를 타고 놀게 되는 것이었다. 그러면서도 아주 붓놀음으로 빠지지도 않고, 대상의 상태나 성격, 분위기, 생기(生氣)는 그대로 챙겨 들인다는 데에 이즈음 그림의 맛이 있다(아까 보았던 〈영차영차〉나 〈취야〉도 그랬고, 〈악사〉나 〈매춘〉

고암 이응노, 〈인간〉, 한지에 수묵, 51×59cm.

같은 그림도 같이 보라. 1958년, 《도불전》 출품작들에서는 사람은 대체로 빠지고 숲이 주요 주제로 등장하는데, 거기서도 이러한 특성은 확연하다). 그러니, 우리가 그의 그림에서 맛보게 되는 흥겨운 붓의 율동은, 대상에 취한 화가의 몸놀림을 타고 내리는 것이기도 하고, 그러다 어지간히 되면 이번엔 붓이 대상을 타고 노는 데에서도 오고, 그러다 종내 대상이 붓을 타고 이 쪽으로 번져오기도 하는 것. 시나위 가락과 진배없다. ☯ 세상과 화가와 붓과 그림이, 거기다 감상자까지 더해져, 유쾌하고 활달대도(豁達大度)한 판이 벌어지고야 말았다. 대상이 붓을 얽어매지 않고, 붓이 대상을 가벼이 처단하지 않는 중용(中庸)의 경개(景槪)가 1950년대 중반 우리 회화사에 있게 된 것. ☯ 이즈음의 작업을 이응노 자신은 "사의(寫意)를 중심으로 현

고암 이응노, 〈장터 여인〉, 한지에 수묵 담채, 46×52cm, 1940년대 후반.
(부분)

대 회화로서 동양화가 개척해 나가야 할 새 길을 탐구 중"[주25] 이응노, 『동양화의 감상과 기법』(문화교육출판사, 1956년), 10쪽. 1950년대 중반에 이응노는 미술 교과서를 몇 권 준비했고, 작가 지망생을 위한 이 지침서 한 권을 출판했다. 이 책은 분량이 아주 적지만, 후학들에게 전하는, 소박하지만 유용한 지침이 들어 있다.

또는 "반추상적 표현이라 할 수 있는, 자연 사실에 대한 사의적 표현"[주26] 신세계미술관 개인전 도록 서문.이라고 했다. 20대에 사의(寫意)에서 출발하여, 30대에 사생을 체득하고, 40대를 거쳐 50 고개에 이르러 사생과 사의가 자욱이 분간되지 않게 얼크렁설크렁, 한 몸 되게 터 버리니, 가히 쾌연한 광경이다. ☯ 그렇다면 이맘때, 곧 1950년대 중후반 화단의 상황은 어떠했는가. 전쟁 이후의 후유증에 몹시 휘달리고 있었다. 삶은 죽음/죽임 이후에 겨우

고암 이응노, 〈장날〉, 16×45cm, **박인경 기증**. (부분)

남겨진 찌꺼기와 진배없었다. 시인 고은은 1950년대를 일러 '폐허'라 했다. ◉ "생은 곧 죽음의 경계 없는 이웃이었다. 죽음 바로 옆에서 생이 죽음에 의존해 있었다. 죽음이 생의 둘레를 만들어 주고 있었다. / 허무란 어디서 흘러 들어온 수식의 아류가 아니라 그런 폐허에 자생한 잡초 위에 펼쳐진 자생의 숨이었다. / 폐허의 자본은 허무이다. / 도시들과 산야는 그런 / 폐허와 초토로서의 허무의 출생지였다. 그러므로 살아남은 인간의 온갖 심상의 구석들에도 지울 수 없는 허무가 숨결로 새겨졌다."**(주27)** 고은, 『1950년대 : 그 폐허의 문학과 인간』(향연, 2005년), 4쪽. ◉ 해방 이후 세대로서 그림에 발 들여 놓은 자들이 거기서 폐허와 허무를 어머니요 고향 삼아 시작했던 것. 폐허를 고향으로 하고 허무를 육신으로 삼은 자에게 그의 내

바위가 많은 응봉산은 경관에 괴례가 넘친다.

면은 다만 격정 말고 무엇이 있었으랴. 무슨 분노, 무슨 방향 모를 정열만으로 뭉쳐, 더 아득하고, 더 멀고, 더 진하고, 더 세고, 더 무엇무엇한 무엇을 향하기는 하되, 도무지 오리무중(五里霧中)인 지경에, 아뿔싸, 간간이 어디서 무적(霧笛)이 울린다. 바깥으로부터.《조선미전》으로 등단한 몇몇 모더니스트는 서둘러 파리로 뜨고, [주28] 박영선(朴泳善, 1910~1994년), 김환기(金煥基, 1913~1974년) 등. 해방 뒤 서울대니 홍익대니 하는 우리 손수 만든 교육 기관서 미술을 얻어 들은 젊은네들은 일본이나 유럽·미국 잡지를 뒤적이며 눈 감고 먼 곳을 그렸다. 바깥으로. 모더니스트를 자처하는 화가들이 너나 할 것 없이 '국제화'

[주29] 특히 평론가 이경성(李慶成, 1919~2009년)은, 일제 식민 통치 때문에 우리에게 근대성이 결핍되었고 거기다 동양 문화 자체가 정체되어 한국 미술이 후진성을 면치 못하고 있다고 진단하면서, 세계 예술 동향을 어서 파악하고 섭취해야 한다고 주장했다.

고암 이응노, 〈산〉, 한지에 수묵, 126×65cm, 1969년, 박인경 기증.

나 '동서 융합' [주30] 1950년대 후반, 적지 않은 화가와 평론가가 현대 서양의 추상 미술의 논리가 동아시아 한자 문화권의 서예나 문인화의 주관주의, 정신주의, 유심주의, 추상성과 통한다는 주장을 폈다. 장우성(張遇聖, 1912~2005년), 한묵, 김영기 등이 그렇다.

을 외쳐댔고, 한쪽에서는 김환기처럼 '한국적인 것'을 물색하며 동양화/서양화들이 서로를 권장하는 풍습도 생겼고, 젊은네들은 구라파의 2차 대전 이후 세대의 분노와 정열에 공감했다.

[주31] 이 무렵 20~30대 젊은 화가들(이른바 '앵포르멜' 세대)을 위한 이론 기반을 평론가 방근택(方根澤, 1929~1992년), 화가 김영주(金永周, 1920~1995년)가 닦아 가고 있었다. 방근택은, 신세대는 "먼저 현대의 국제적 밸런스에 대한 섭취를 게을리 하지 말아야 할 것이며 어떤 것이 현대적 인터내셔널인가"를 질문하는 데서 출발해야 한다고 주장했다. 방근택, 「회화의 현대화 문제—작가의 자기 방법 확립을 위한 검토」, 『연합신문』, 1958년 3월 11~12일자. 최열, 『한국근대미술의 역사』(열화당, 1996년), 525쪽에서 다시 인용.

🌏 "피와 적 그리고 결코 숙련되

고암 이응노, 〈절 풍경〉, 한지에 수묵 담채, 62×31cm.

60

지 못한 표현들과 거의 영구적인 가난 또 그리고 한심한 취기의 시대"[주32] 고은, 『1950년대 : 그 폐허의 문학과 인간』, 5쪽. 였던 그 때, 이응노 도 전쟁 직후 몇 년은, 그렇게 바지런히 몸을 일으켜 거리를 누비며 그림을 그리는 동안에도 술에 취해 살았다. 취기를 겨우 면하면 다시 그림이었다. 그런 중에 문득 그에게도 무적이 울려왔다. [주33] 뉴욕 월드하우스 갤러리가 주최하는 《한국현대미술전》을 위해 1957년 내한한 미술사학자 프새티(Ellen Psaty Conant)가 이응노 작품 두 점을 선정했고, 그것을 '록 펠러 재단'이 구입해 뉴욕 현대 미술관(MoMA)에 기증한 것이 첫 계기다. 또한 1957년, 이응노가 자신의 작품을 파리에 가는 유학생에게 부탁하여 파리 화랑에 소개해 달라고 부탁했고, 그 학생 이 프랑스 평론가 자크 라세뉴(Jacques Lassaigne)에게 보였으며, 라세뉴가 이응노의 작품을 높이 평가하여 초청장을 보내왔다. 독일을 거쳐 프랑스에 정착했을 때, 라세뉴는 실제로 이응노를 적 극 후원하였다.

　　뜨기로 하고 서둘렀다. 구라파로. ☯ 또 뜨게 된 것. 지필묵을 타고 노는 것에서 무애지경(無碍之境)을 자처하지는

고암 이응노, 〈숲〉, 한지에 수묵 담채, 133×68cm, 1953년, 박인경 기증.

못해도 어지간한 자부심은 있었을 터이다. 주변에서도 격려했다. **[주34]** 1950년대 중후반의 이응노 작품에 대해 미술계에서는 동양화에서 근대화를 지향하는 작가로서 새로운 동양화의 영역을 개척했다고 호평했다. 특히 김영주는 이응노의 《도불전》을 두고 "자동 의식에서 전전하는 자기만의 반향을 걷잡기 위하여 이씨의 최근 작품은 초서(草書)와도 같은 경지를 개척하고 있다. 풍월의 낡은 탈을 벗어난 현대의 감동을 짊어지고 … 실로 앵포르멜에 통하는 현대 미술의 불안과 자학과 생명에의 집착 속에서 허무로 달음박질하고 있다."고 평했다. 김영주, 「동양화의 신영역」, 『조선일보』, 1958년 3월 12일자. 한편, 작가들은 도불을 준비하는 이응노를 위해 후원회를 조직하기도 했다.

이번엔 집 근처가 아니라, 지구를 반 바퀴나 돌아야 닿는 이역만리(異域萬里)였다. 주저하지 않고 나섰다. 처음부터 예정되어 있었던 것처럼. 그는 그림 수십 점 싸들고, 천연덕스럽게, 떴다. 쉰다섯. 평온하게 폼 잡고 앉아 놀 수도 있는 나이. 그의 버릇과 체질이 들썩이며 그를 다시 일으킨 것. 쉰다섯 해 동안의 모든 시공간을 유일한 고향으로 묶어 놓고, 그는 떴다. 앉아서 무얼 한다는 것은 곧 어디로 뜨기 위한 채비인 양, 그는 그렇게 살았다. 몇 번째 출가인가.

🌏 화가의 고향, 화가와 고향 — 이응노의 경우 〔김학량 글〕 | 여덟 | **추상—〈구성(Composition)〉** 🌏 이번 것은 이전의 가출/출가와는 아주 성격부터 다른 것. 물 설고 낯 선 곳. 구라파라는 시간과 땅이 거느려 온 과거와 현재라는 것은, 이 쪽 동북아 것과는 판이하지 않은가. 청년의 혈기로 유학하고자 하는 바도 아니고, 무엇이 그리워 그는 노구(老軀)에 접어드는 육신을 이끌고 만리 밖으로 출타하려 했는가. 모든 고향—홍성, 서화, 동양화, 서울, 한국—을 접어두고. 고향이 '폐허'였으므로? 폐허가 아니었으면 그는, 뜨지 않았을까? 🌏 파리에 시달릴 것은 없었다. 눈만 뜨면 한시도 가만 있잖고 몸 놀려 그림 그리는 사람이었다고 여러 사람이 누누이 증언하는 바대로, 그는 몸을 굴리면 되었던 것. 외국어와 외국 그림과 외국 여자와 외국 남자와 외국 학자와 외

고암 이응노, 〈추상〉, 한지에 채색, 129×65cm, 1960년대 전반. (부분)

국 문화와 외국 풍습과 외국 음식 들이 그를 둘러싸고 있었지만, 그는 무사 태평이었다. 그가 어딜 가든 그 곳은, 그가 둥지만 틀면 그 곳은 그의 고향이 되었다. ☻ 거기서 무얼 보았을까? 거기도 전쟁 후의 폐허가 아니었던가. 거기서도 화면으로부터는 세상 자취가 온통 지워지고 있었다. 그는 파리 초기에, 이른바 '앵포르멜'에 공감되었다. 아니, 파리가 오히려 이응노의 새로운 방법에 공감하였다. (주35) 1962년, 파리의 폴 파케티(Paul Facchetti) 갤러리에서 첫 개인전을 열었을 때, 그 곳 반응은 거의 흥분에 가까운 것이었다. 예컨대, 프랑수아 플뤼샤르(François Pluchart)의 다음 글을 보자. "… 회화의 여러 상황이 어떻게 진행되는지를 보기 위해 유럽으로 갈 것을 결심한다. 그에게 상황은 무난한 것이었다. 그는 보았고, 배웠으며, 잊어버리지 않았고, 그가 아는 것과 알지 못하는 모든 것을 종합했다. … 그 결과 이응노는 새로운 비전을 통해서 서양의 회화를 풍요롭게 했다. … 이응노는 우리의 언어로는 영혼의 상태, 혹은 꽉 차 있음이 곧 비어 있음(空)일 수 있을 정도로 그렇게 꽉 차 있음의 공(空)을 회복하는 가운데 이러한 성공을 이루어낸 것이다. 공은 서양의 정신에서 보자면 매우 추상적이고 지적이며 개념적이지만, 그 회화적 성과는 충분하다. … 이 예술가의 완벽한 성공은 '파피에 콜레'로써 풍부한 모든 색채를 살려낸 데 있으며 이 색채들은 어디까

고암 이응노, 〈추상〉, 한지에 채색, 132×67.5cm. (부분)

지나 미묘하다. 마티에르는 부서지기 쉬울 만큼 섬세하며 그러면서도 견고하다. 그의 작품은 크고도 관대한 리듬을 따르는 강력한 작품이라 할 수 있다. 마티에르는 아름답다. 어떤 충고가 필요하다면 아마도 이응노를 따르는 것이리라." 프랑수아 플뢰샤르, 「아펠과 이응노 : 어떤 불일치」, 콩바(Combat), 1962년 5월 23일 ; 이응노미술관 편, 『60년대 이응노 꼴라주전』(고암미술 02 : 얼과 알, 2001년)에서 다시 인용.

    이승에 실존하는 어떤 사물이나 현상도 화면에는 기입되지 않았다. 다만 어떤 문명이 파국적으로 해체된 뒤에 남은 마지막 흔적처럼 폐허의 허무가 남아 있을 뿐이었다. 절규마저 잦아든 뒤, 모든 것은 끝나고, 아직은 무엇도 시작하지 않은 듯한 공허의 시공간. 파리의 첫 서너 해를, 아주 가난한 상황에서 이응노는 폐지나 한지를 구기고 찢어서 캔버스에 밀집시켰다. 망연자실(茫然自失), 언어와 역사가 사라진 이후(以後), 침묵의 공간. 물론 침묵이 다만 부재(不在)일 리

는 없다. 미처 형태를 얻어 가지기 이전의 혼돈 ; 불규칙하고 이리저리 떠다니는 원초의 힘들 ; 아직 이름(名)에 다다르지 못한 시원의 몸짓. 따라서 그의 침묵은 모든 것의 이전(以前)이었다. 말, 역사, 이름 이전의 것이므로 그것은 여백(餘白)이었다. 없음으로부터 있음까지, 있음으로부터 다시 없음까지 ; 여백으로부터 형태까지, 다시, 형태로부터 여백까지. 있음의 기원으로서의 없음 ; 없음의 기원으로서의 있음 ; 형태의 기원으로서의 여백 ; 여백의 기원으로서의 형태. ☻ 1950년대 그 자신의 '반추상'을 건너 파리에 둥지를 틀었을 때 그 곳은 '추상'이 되었다. 구상이 반추상을 건너 추상으로 내빼는 게 일견 도리일 성싶지만, 파리의 이응노에게 구상은 추상의 여백이요, 추상은 구상의 여백일 뿐이었다. ☻ 초기 몇 해의 폐허와 침묵

을 지나자 이응노의 몸 저 안쪽으로부터 하나의 기원이 스멀거렸다. 우리가 흔히 〈문자 추상〉이라고 부르는 그림들이 나타난다.[주36] 우리는 〈문자 추상〉이라고 부르지만, 그 자신이 붙인 제목은 모두 〈구성(Composition)〉이다. 거기에는, 허무로서는 변한 게 없는데, 까마득한 선사(先史)의 웅얼거림 같은 것이 일렁이게 된다. 직전의 폐허로부터 어떤 최초의 흐느낌이나 감흥처럼 좀 더 시원의 형상이 떠오르는 것. 말의, 문자의, 사람꼴의 기원 같은 것. 언어와 문자와 역사 이전의, 미발(未發)의 원형상 같은 것. 그것은 모든 것의 고향. 그것은 이후의 이응노에게, 모든 고향을 떠난 이응노에게, 하나의 고향이 되었다. ⊕ 1960~1970년대를 흐르는 〈구성(Composition)〉 연작은 문자 비슷한 형태[주37] 그의 스케치북을 보면, 세계 곳곳에 전하는 문자의 시원 형태를 옮겨 적고 그것을 변형해 재구성하는 드로잉을 수없

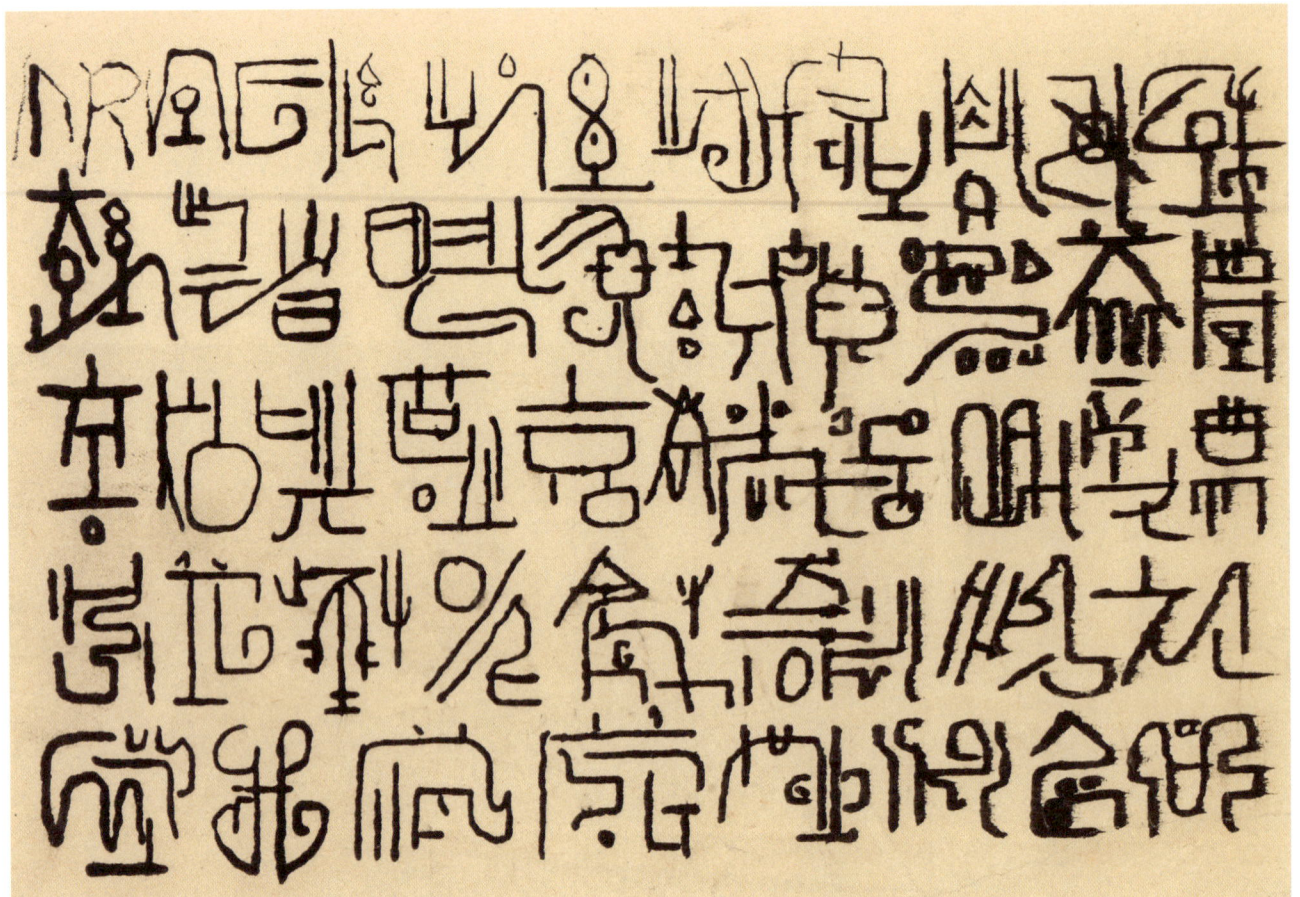

고암 이응노, 〈문자 추상〉, 종이에 먹, 17.5×25.7cm.

이 해 놓았다. 를 근간으로 한다. 거기에는 나무, 바위, 구름 같은 자연물의 흔적도 있고, 서 있거나 앉거나 뛰거나 걷거나 춤추거나 벌떼처럼 모였거나 어깨 겯고 춤추는 듯한 사람들의 모습도 들어 있다. 그러므로 1980년대에 좀 더 집중한 〈군상(群像)〉 연작도 1960~1970년대가, 아니 서화를 통해 처음 입문하던 시절의 사군자·서예부터 풍경, 인물 연작과 반추상을 건너 파리에 이르기까지의 모든 과정이 녹아든 그림이 된다. 발원지의 샘에서 시작하여 강 하구에 이르러 모든 여정이 융화하는 것과 한 가지 이치를 그에게서 본다. 파리 이후에는 파리 이전과 그 이후가 온전히 화해하고 있는 것. 적어도 이응노에게서 '이전'은 '이후'에 의해 배제되거나 삭제되지 않는다. 이후는 이전을 포용하여 좀 더 큰 차원으로 끌어올려 화해한다. 이응노는 자

고암 이응노, 〈추상〉, 한지에 수묵, 74×67cm.

기 예술의 근원을 서예라고 강조했다. 서예는 글씨와 그림의 두 차원을 뛰어나게 화해시키는 매우 이상적이며 인상적인 영역이다. ❸ "나는 어릴 적부터 서예와 문인화를 그려 왔기 때문에 그 경험으로 말한다면, 서예의 세계는 추상화와도 일맥상통하는 점이 있습니다. / 서예에는 조형의 기본이 있어요. 선의 움직임과 공간의 설정, 새하얀 평면에 쓴 먹의 형태와 여백과의 관계, 그것은 현대 회화가 추구하고 있는 조형의 기본인 것이지요. / … 이 한자는 원래 자연물의 모양을 따서 만든 상형문자와 소리와 의미를 형태로써 표현한 것으로 이루어져 있는데, 한자 그 자체가 동양의 추상적인 패턴이라고도 할 수 있지요. / … 그러니까 내 경우에 추상화로의 이행은 서(書)를 하고 있었던 것, 그것으로부터의 귀결이라고도 할 수 있겠지요. 그

고암 이응노, 〈문자 추상〉, 한지에 담채, 100×34.5cm, 1968년, 동산방화랑 박우홍 기증.

70

로 인해서 새로운 구성적인 이미지 세계가 시작되었습니다. / 우리 나라의 오래된 비석처럼 그 낡은 돌의 마티에르, 돌에 새겨진 문자 등 오랜 세월에 걸쳐 풍우를 견디어 온 비석들의 문자는 정말로 아름답습니다. 나는 그런 세계에 흥미를 느끼게 되었고 문자에 관한 테크닉을 연구하기 시작했어요."⁽주38⁾ 도미야마 다에코, 『이응노—서울·파리·도쿄』, 144~145쪽. ☻ 그 곳에서 이응노는 모든 재료를 섭렵한다. 눈에 뜨이고 손에 닿는 모든 것이 스스럼없이 그에게로 와서 그림이 되었다. 옷가지며 이불, 솜, 비닐, 한지, 붓, 유화 물감, 캔버스, 나무토막, 통나무, 천 조각, 돌, 목판, 석고, 흙, … , 모든 것을 받아들였다. 모든 것과 어울리고 모든 것과 사귀고 모든 것과 놀았다. 이젠 환갑을 훌쩍 넘긴 노인으로서, 무엇을 어떻게 그린다는 차원에서 시원하게 떠나, 모

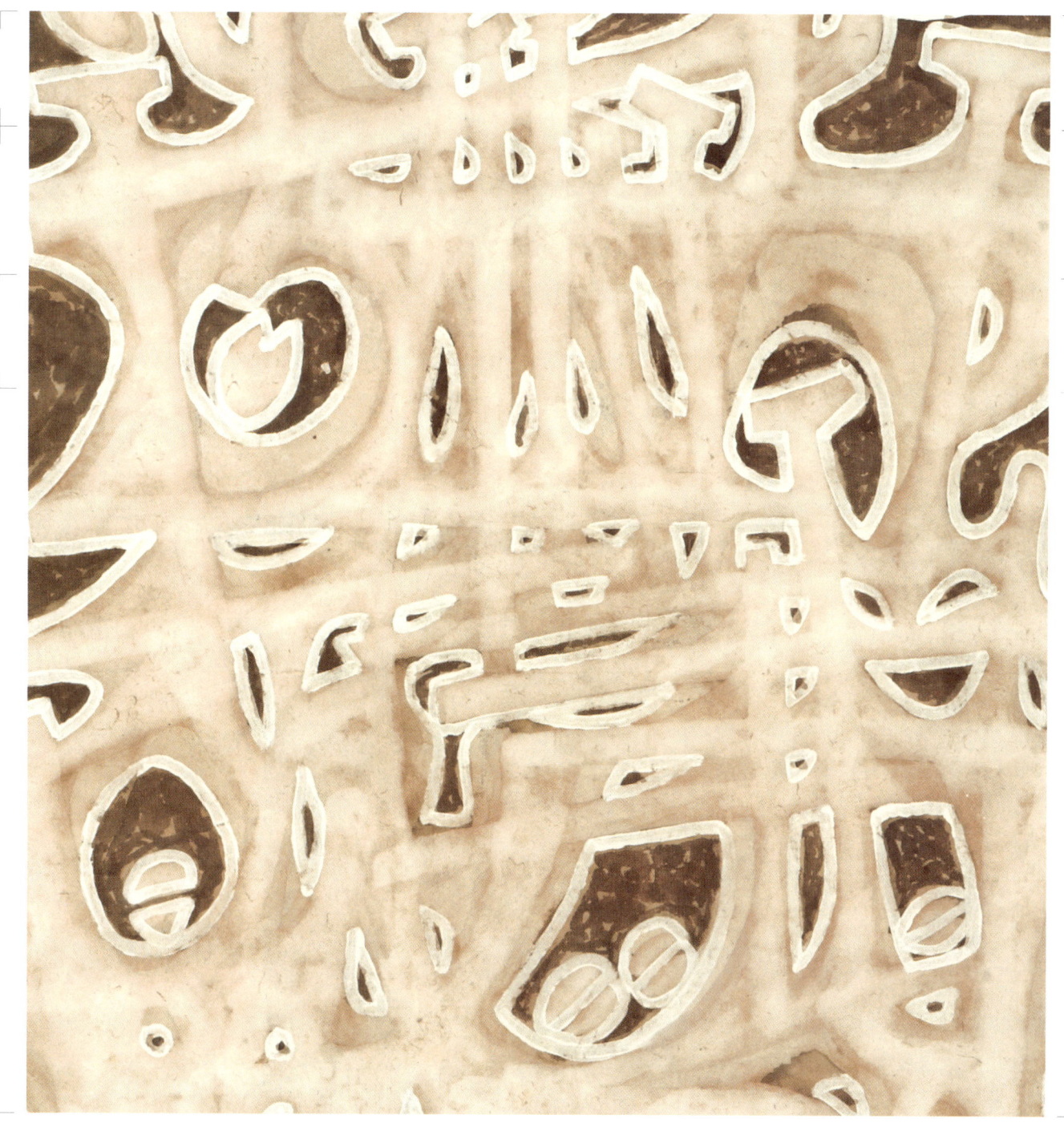

고암 이응노, 〈문자 추상〉, 한지에 채색, 141×76cm, 1970년. (부분)

든 것과 어울려 노는 아이가 되었다.

● 화가의 고향, 화가와 고향—이응노의 경우 (김학량 글) | 아홉 | **유배(流配)** ● 그에게는 고향이 하나 더 있다. 모든 고향을 떠났던 그는 아주 예외적인 방식으로 고향—한국을 찾았고, 교도소라는 이상한 장소가 그 이후의 이응노에게 또 하나의 고향이 되었다. 이른 바 '동백림 사건'. 고암 부부는 옥중 생활이 삶과 사회에 대해서 깨우치게 해 준 '학교'였다고 말한다. [주39] 도미야마 다에코, 『이응노—서울·파리·도쿄』, 25~40쪽. ― "거기서 나는 전혀 모르던 세계를 조금씩 알게 되었어요." [주40] 도미야마 다에코, 『이응노—서울·파리·도쿄』, 28쪽. 그들은, 사회로부터 결정적으로 분리·격리되고 소외되어 있는 그 곳이 사실은 사회의 모든 요소와 차원이 그대로 재현되는 '축소판'임을 알았고, 순진하고 나약한 보통 사람들로부터 감동을 받기도 했다. 그 비좁고 밀폐된 작은 사회는 세상의 거울이었

고암 이응노, 〈닭〉, 한지에 수묵 담채, 40.5×64.5cm, 1974년, 현대화랑 박명자 기증.

다. ☯ 그 곳은 작업실이기도 했다. ☯ "옥중에서 가장 괴로웠던 것은 그림쟁이인 내가 그림을 그리지 못하는 것이었습니다. 얼마간의 시간이 지나고부터는 간장을 잉크 대신으로 화장지에 데생을 시작했지요. 또 밥알을 매일 조금씩 아꼈다가 헌 신문지에 개어서 조각품도 만들기 시작했어요."[주41] 도미야마 다에코, 『이응노—서울·파리·도쿄』, 22쪽. ☯ "어릴 때 가난하게 보냈기 때문에 주위에 있는 것은 뭐든지 재료가 되었답니다. 농사일을 하면서 땅바닥에 그림을 그리고, 나뭇조각이 눈에 띄면 그걸 깎아 조각을 하고, 신문지를 풀에 개어 오브제를 만드는 식으로 말입니다. 데생도 연필이나 붓이 없으면 젓가락으로 대신했고, 간장을 잉크 대신 사용하기도 하고…, 그런 것은 어린 시절부터 했던 일이지요."[주42] 도미야마 다에코, 『이응노—서울·파리·도쿄』, 23쪽. ☯ 자신을

물리치고 배제하고자 하는 힘에 정면 대항할 도리라고는 그 자신으로서 사는 수밖에는 없었을 것. 거기서 그는 변형될 수 없었던 것이다. 억압의 구조를 운신의 조건으로 화학 변화 시키기. 존재의 형태를 규정하는 조건을 여백으로 만들고, 그 여백을 새로운 조건으로 삼아 살기—그리기. 여백이 된 감옥. 그의 체질은 거기서 그렇게 자신을 위한 또 하나의 길을 텄고, 눈을 씻고 마음을 닦아, 이상한 것과 화해하는 법을 배웠다. 그렇게 하여 거기서 그는 자신의 노안(老眼)에 침침하게 끼어드는 어두움을 걷어냈고, 그는 다시 청년이 되었다. 밥알을 이겨서 신문지와 개어 만든 종이 찰흙으로 빚은 사람들 형상을 보라. 춤. 거기엔 머언 4~5세기적 신라·가야인들이 빚었던 토우(土偶)들의 축제가 다시 펼쳐지고 있지 않은가. 춤. ◐2년 가까운 유

고암 이응노, 〈문자 추상〉, 한지에 수묵, 107×17cm, 1978년, 대륭건설 이환근 기증.

배(流配)의 삶 끝에 그는 수덕여관 너럭바위 품에 안긴다. 나뭇가지를 주워 땅바닥에 무언가를 그리던 소년이 고향에 돌아온 것. 고향에 돌아온 노인은 다시 소년이 되어, 바위를 쓰다듬는다. 가장 어릴 적 자신을 태우고 놀았던 바위 품에 안겨, 다시 꿈을 꾼다. 범물중생(凡物衆生)의 몸과 그림자와 빛깔과 소리와 냄새와 삶과 죽음과 어두움과 밝음과 어엿함과 초췌함과 폄과 접음과 드러남과 숨음과 있음과 없음과 저기와 여기, 말로는 다 섬기지 못할 모든 것을 품고자 했다. 고향은 모든 것을 생각하게 했다. 수덕여관 너럭바위 그림은 지금도 비 바람이 쓰다듬고 천둥 번개가 두드리고 산새가 놀다 가고 솔잎이 내려앉고 사람이 찾고 달이나 별빛도 들러 간다. 거기서 그렇게 숨 쉬고 춤을 추며 그는 나이를 먹어간다. 그 춤이 1980년대에 활짝,

고암 이응노, 〈콜라주〉, 한지에 콜라주, 23.5×34.2cm, 1960년대 전반.

76

봄 산에 진달래처럼 활짝, 피어난다.

생전에 쓰시던 여러 가지 낙관들, 용봉천을 가로지르는 다리의 철 난간, 개울과 연밭.

🔴 화가의 고향, 화가와 고향 — 이응노의 경우 (김학량 글) | 열 | **춤 또는 꽃** 🔴 이응노 하면 〈군상〉을 먼저 떠올릴지도 모른다. 둘, 셋, 다섯, 혹은 수십, 수백의 사람들이 어울려 춤추는 그림. 마치 고향 찾아 한천(寒天)을 가로지르는 기러기 떼나, 흩날리는 꽃잎처럼. 그 그림들은 특정한 사람들을 그린 것이 아니다. 그냥, 사람이다. 이름도, 성도, 인종도, 민족도, 사는 곳도, 출발한 곳도, 가야 할 곳도, 나이도, 학력도, 경제적 환경도, 정치적 성향도, 취미도, 특기도, 혼인 여부도, 동성애자인지 이성애자인지도, 수제천(壽齊天)을 좋아하는지 베토벤을 좋아하는지 바흐를 좋아하는지도, 동물 애호가인지 아닌지도, 그림을 좋아하는지 싫어하는지도, 도무지 사람 비슷하다는 점 말고는 아무 것도 '알 수 없는' 사람들. 왜 그는 사람을, 그토록 그렸던 걸까? 저 가마득한 모

고암 이응노, 〈군상〉, 나무, 16×12×5cm, 1982년. (부분)

를 사람들을, 그는 왜 그토록 그렸던 걸까? 무슨 꿈을 꾸길래 그는, 그 아무 것도 미처 시작되지 않은 어느 광야에 스멀스멀 이는 최초의, 가장 느린 움직임처럼, 또는 햇아이가 터뜨리는 최초의, 가장 다급한 울음소리처럼, 사람을, 사람—사람—사람을 그리고 그리고 또 그려야만 했을까? ☯ 허연 종이에 다만 가뭇한 먹물만으로(간혹은 담채를 더하여) 수천 수만을 좋이 헤아릴 사람을 그린 것. 그 그리기는 차라리 '부름'이 아니겠는가—사람아, 아 사람아, 사람이여, 사람이여. 이승 삶의 막바지에 이른 한 원로(元老)로서 이승 뭇 삶들에게, 말 바깥에서 형상을 통하여 전하는 뜻이 이것. 무엇? 어울림? 서로 다르고 반대되는 것들끼리 화해하기? 시나위 합주처럼 전후 좌우 상하 사이에 서로 너나들며 놀기? 용서? 평화? 수평적 교유(交遊)? ☯

고암 이응노, 〈군상〉, 한지에 수묵, 42.5×51cm, 1984년.

그러다 문득, 그는 꽃처럼 졌다. 모든 고향을 뒤로 하고, 모든 고향으로부터 그는 다시 출가한 것. 이승의 행적을 다시 여백으로 두고 홀연 가출한 것. 지상의 춤으로부터 그는 다시 어디로 입문할 걸까. 지상에서 산 한 삶을 모태로 하고서 다른 세상으로 출생한 그는 지금 무엇과 어울려 무슨 춤을 추고 무슨 노래를 부를까. ☯ 이응노가 평생 그려 온 공간 이동 궤적은 인상적이다. 홍성→당진→서울→전주→도쿄→수덕→서울→수덕→서울→독일 각지→파리→서울(안양·대전교도소)→파리→도쿄→평양→파리. 굵직한 이동 경로만 짚어도 이렇다. 그는 평생 수많은 관계와 상황을 겪으면서 가는 데마다 다양한 변화를 일구었다. 그런 유랑의 세월을 사는 동안 그는 내일을 기약하지 않았다. 오늘만이 유일한 날이었다. 바로 지금만이 그에게는

고암 이응노, 〈군상〉, 종이, 15×11×16cm, 1970년.

유일한 순간이었다. 그러므로 그에게는 시간이, 흐르는 것이 아니었다. 존재의 속도를 한껏 늦추어 자신의 순간에 범물중생의 꿈과 시간과 상처와 설움을 집중시켰다. 거의 정지된 자신의 순간에 그는 자신의 몸을 열고 한껏 세계와 대화했다. 시체(時體) 언어 대신 그는 미소로 대화했고, 미소는 모든 울타리에 작은 문을 내어 서로 드나들게 했다. 그는 많은 것의 접경에 있었던 것. 동백림 이후의 스케치북에다 이응노는 조국과 온 세계가 평화로운 삶을 살기를 기원하는 메모를 숱하게 남겨 놓았다. "영원 인류 평화", "사해형제(四海兄弟)"[주43] "1977년. 스위스에서." "평화"[주44] "조국 각산(各山)을 생각하면서. 1977년 7월." '민주로(民主路)', '자유화(自由花)'[주45] 1976년치 스케치북. ☯ 뜻도 까닭도 없이 듣기 좋은 말을 쏟아 놓은 게 아니다. 이들 메모는 그의 평생에 아

고암 이응노, 〈군상〉, 한지에 수묵, 42.5×51cm, 1987년.

로새겨진 상처와 고통, 고독으로부터 터져 나온 것. 그 상처와 고독, 그리고 고통은 한 세기 내내 식민지 삶의 체험, 분단·전쟁·냉전·독재 체제 같은 제도의 폭력에 시달리며 근근이 연명해 온 한반도 백성 모두의 것이 아닌가. 그런 자각을 이응노는 온 천하 백성 모두의 삶으로 펼쳐 생각한 것이 아니던가. 그것이 뼈에 사무쳐, 그는 스케치북에, 나무 베개에, 그의 작품에 수도 없이 그 염원을 새겨 넣을 수밖에 없었던 것. 그가 어릴 적, 고향 자연과 인심을 자양분으로 성장하는 동안 누렸던 그 평화의 느낌을 '회복'하고 싶었던 것. 모든 것이 모든 것과 스스럼없이 어울리고 사귀고 대화하는, 그런 화해의 공동체에 대한 꿈을 그린 것이 아니면 대체 무엇이겠는가. ☯ 삼라만상 범물중생의 화해를 기원하는 순간, 꿈에 사무칠수록 마음 한구석엔 외

이응노의 집, 뒷산의 솔밭.

로움이 컸을 것. 1976년 어느맘 때 스케치북엔 이렇게 적었다 : "사람이 세상에 살기란 극히 어려운 일이다. 귀로 듣고 눈으로 보고 입으로 먹고 코로 냄새 맡는 것에 의하여 항상 마음은 어지러운 것이다." 시시때때로 그는 다시, 엄마 품을 그리는 소년이 되기도 했다. 여행 중에 산을 만나면 조국 산천을 생각하고, 밭을 만나면 조국 전답을 그리고, 숲을 만나면 고향을 떠올리고, 구름 흐르는 모습을 보면 고향 하늘을 생각했다. 1986년 9월, 그는 평양서 열리는 개인전에 참석하기 위해 비행기를 탔고, 한반도 상공에 다다르자 창밖에 펼쳐진 구름 바다에 감격하여 그 광경을 그렸다—"1986년 9월 12일 조국 상공에서 감격의 운해(雲海)." 그러나 그는 끝내 이승의 몸으로는 자신의 고향에 돌아오지 못했다. 숱한 울타리를 넘나들며 살아 온 터였지

만, 그 자신과 조국 사이에 그어진 야릇한 울타리는 결국 넘지 못한 채 조국 상공에 떠서 울어야 했다. ☯ 그가 파리에서 자주 "나는 충남 홍성 사람이여." 이렇게 말했다고 전해 오는 걸 보면, 그래도 그의 모든 그림이 이 곳 월산 용봉산 덕숭산이 거느린 산천과 인심을 모태로 해서 피어난 꽃임도 알겠다. 하늘 땅 바람 구름 비 눈 꽃 들이 사람을 가르치려 들지 않고, 그저 가만히 품고서 노래를 들려 주고 있을 뿐임을, 여기 홍성 중계리에 오면 알게 된다. ☯

글을 쓴 **김학량**은 동덕여대 큐레이터학과 교수이자, 전시 기획자, 작가입니다. 고암 이응노 생가 기념관 개관 운영위원으로 전시 기획을 이끌었으며 현재 명예 관장으로 있습니다. 2003년에서 2006년까지 서울시립미술관 큐레이터로 있었고, 2010년에 제3회 '이동석전시기획상'을 수상했습니다. 홍익대학교 대학원 미술사학과에서 「고암 이응노의 삶과 그림 : 도불 이전의 전기 그림 세계」로 석사 학위를 받았고, 명지대학교 대학원 미술사학과에서 박사 학위를 받았습니다. 저서로는 『화가 이응노』, 『서울 생활의 발견』(공저), 『소설 : 본문 없는 각주』(공저) 등이 있습니다.

86

고암 이응노, 〈펜 드로잉〉, 종이에 펜, 26×20cm, 1988년.
일본 도쿄를 방문했을 때 그렸다. 고암은 이 때 고국을 들르지 못했다.

고암 이응노는 유해로도 고국에 돌아오지 못하고 파리 시립 페르 라 셰즈 묘지에 안장되었다.

고암 이응노, 수덕사 구들장 탁본, 한지에 먹, 139×70cm. (부분)

이응노의 집, 만든 이야기

- 소년 이응노가 바라보았던 풍경 앞에서 〔김석환〕
- 미래로(美來路)의 아름다운 공간 〔이태호〕
- 이응노, 한국 현대 미술사에 남겨진 공백 〔유홍준〕
- '이응노의 집' 개관 일지 : 시작과 끝, 끝과 시작 〔윤후영〕

고암 이응노, 〈분란〉, 한지에 수묵, 69×69cm, 청관재 박경임 기증. (부분)

소년 이응노가 바라보았던 풍경 앞에서 [김석환]

이응노의 집, 만든 이야기
소년 이응노가 바라보았던 풍경 앞에서 [김석환 | 홍성군수]

고암 이응노 생가 기념관 개관을 축하하며

고암 이응노 선생이 항상 그리워하던 고향, 홍성에서 이응노 화백의 삶과 예술혼을 재조명하는 기념관을 개관하게 되어 매우 기쁘게 생각합니다. ● 기념관이 개관할 수 있도록 귀중한 유품과 작품을 기증하여 주신 미망인 박인경 여사님과 유족 및 독지가 여러분, 애정을 가지고 아낌없는 지원을 해 주신 명지대학교 유홍준 교수님, 성균관대학교 조성룡 교수님, 명예 관장으로 개관 준비에 애쓰신 이태호 교수님을 비롯한 개관 준비 위원님들께 진심 어린 감사의 말씀을 드립니다. ● 한 세기 전에 바로 이 곳에서 저 산과 밭을 바라보며 소년 이응노가 예술의 꿈을 키웠습니다. 고암 이응노 생가 기념관은 위대한 예술가가 보았던 고향 풍경, 그리고 그 분이 화폭 위에 펼쳐 낸 풍경을 함께 볼 수 있도록 꾸몄습니다. 끝없는 열정과 생동하는 창의력으로 동서양을 넘나드는 훌륭한 작품을 만들어 오신 고암 선생의 발자취를 따라가며, 그가 어려움을 겪으면서도 작품을 통해 세상과 말하고 싶었던 뜻을 이해하는 장이 될 것입니다. ● 이번 개관전에는 고암 선생님의 체취가 배어 있는 유품을 비롯한 도불(渡佛) 이전의 서화 및 풍경화와 도불 이후 〈구성〉, 〈군상〉 등의 작품을 통해 시대의 아픔을 딛고, 이를 예술혼으로 승화시킨 고암 선생의 예술 세계를 만나 보실 수 있습니다. ● 앞으로 이응노의 집, 고암 이응노 생가 기념관을 통해 홍성군 문화예술이 진일보함은 물론, 현대 예술 발전에 일조할 수 있도록 예술을 사랑하는 모든 분들의 적극적인 참여를 기대합니다. ●

2011년 11월 8일 ● 홍성군수 **김석환**

미래로(美來路)의 아름다운 공간 [이태호]

이응노의 집, 만든 이야기
미래로(美來路)의 아름다운 공간 [이태호] | 고암 이응노 생가기념관 운영위원장, 초대 명예 관장

우리 시대 최고의 기념관 건축 '이응노의 집'

'이응노의 집'은 충남 홍성의 새 명소입니다. 홍성군 홍북면 중계리 소재의 생가를 복원하고, '이응노 생가 기념관'을 개관합니다. 용봉산을 당차게 마주한 월산 기슭, 솔밭이 멋들어진 언덕 아래 소담하고 호젓한 곳입니다. 생가 주변의 산 능선을 넘는 언덕길 따라 봄 진달래가 화사하고, 기념관 앞 연밭에는 연꽃과 마름이 가득 여름을 맞이합니다. 주변의 황금색 들녘과 숲길에는 가을이 만화하고, 겨울에는 눈 소복이 내리는 곳입니다. 기암이 아름다워 제2의 금강산이라 일컬어지는 눈 덮인 용봉산은 절경입니다. 이들 모두 고암의 예술에 녹아 있는 풍광입니다. 이런 경치에 걸맞은, 정말 딱 맞춤인 기념관이 들어섰다고 생각합니다. 모던하여 참신한 건물입니다. 사면체 박스형 건물이 이어지거나 독립되어 낮은 구릉과 그렇게 정겹고 편안하게 어울려 있습니다. 노출 콘크리트와 목재판을 붙인 각진 외모는 다소곳하며, 내부는 바깥 풍경을 담뿍 끌어안는 구조입니다. 저도 존경하는 건축가 조성룡 선생이 심혈을 기울인 작품입니다. 한강의 선유도공원, 광주의 의재미술관 등을 설계한, 우리 시대를 대표하는 건축가입니다. 자연과 현대를 조화시킨, 고암이 추구했던 이미지를 떠올리며 디자인했다고 합니다. 우리 나라 지자체가 마련한 최고의 기념관 건축으로 인구에 회자될 거라고 확신합니다.

홍성이 낳은 세계적인 화가, 이응노

고암 이응노는 홍성이 낳은 세계적인 화가입니다. 지난 20세기 중후반 벌써 파리에 머물며 거장의 반열에 올랐으니, 한국 예술의 긍지입니다. 요즈음 얘기하는 한류(韓流) 문화의 원조 격입니다. 미술인으론 처음일 뿐더러 아직도 현지에서 그만한 명성을 얻은 작가를 찾기란 손가락으로 꼽을 정도입니다. 또한 쉬지 않고 작업해 온 다작(多作)은 전통 서화를 풍류쯤으로 여기던 인식을 크게 바꾼 새로운 작가정신이라고 생각합니다. 평생의 작업량은 누구도 따를 수 없어, 아마 한국 근현대 미술사에서 가장 우뚝할 것입니다. 고암의 예술 세계는 다채롭습니다. 유럽으로 건너가기 전, 벌써 개성 넘치는 구성과 필치로 현대적 기운의 묵죽도(墨竹圖)를 비롯하여 산수화, 인물 풍속화, 동물화, 화조화 등 모든 회화 영역을 넘나들었습니다. 아마도 고암이 유럽에 가지 않았다면, 한국 현대 미술사가 그에 의해 구태를 벗는 또 다른 양상으로 전개되었으리라 추측해 볼 정도입니다.

유럽인들에게 수묵화를 가르치다

프랑스에 정착한 이후, 고암은 유럽을 무대로 30여 년간 활동했습니다. 화실을 개방하여 유럽인들에게 수묵화를 가르쳤고, 한국의 전통 예술 정신과 형식을 고수했습니다. 특히 한국인이 왜 불어를 배우냐며 작업에만 매진했다는 일화는 유명합니다. 이 같은 의식 아래, '율동과 기백의 한국 민족성'을 바탕으로 당대 서구의 회화 사조를 소화하고 자기 것으로 만들어 갔습니다. 1960~1970년대에는 유럽의 앵포르멜과 만나 수묵 추상화를 전개하기도 했고 한자나 한글 꼴을 구성한 〈문자 추상〉은 독자적 경지를 이룬 것으로 평가됩니다. 그리고 1980년대의 〈인간 군상〉 시리즈 작업은 조국의 민주화 운동에 대한 감화에서 나온 것으로 알려져 있습니다.

근현대사를 몸으로 겪은 예술가

고암은 구한말에 태어나 일제 강점기, 전쟁, 분단, 독재 정권으로 점철된 한국 근현대사의 아픔과 갈등을 겪으며 오롯이 예술에 전념한 작가입니다. 1960년대 군사 정권 시절에는 독일에서 활동한 음악가 윤이상(尹伊桑, 1917~1995년) 선생과 함께 '동백림 사건'을 겪었고, 1970년대 '백건우·윤정희 부부 사건'에 연루되기도 했습니다. 냉전 이데올로기 시대의 희생자입니다. 이제야 고향 홍성이 고암을 이렇게 맞이합니다. 조국을 떠난 유목민적 예술가이고, 한 때 이른바 좌익 사범으로 몰렸던 고암을 바르게 대접하게 되었습니다. 2007년에 건립된 대전의 이응노미술관에 이어 정말 반가운 일입니다. 최영, 성삼문, 홍가신, 김좌진, 한용운 등 홍성이 낳은 충의(忠義)의 선현들에 이어 예술가를 새로이 현창하게 되어 더욱 그러합니다.

이응노의 집, 만든 이야기
미래로(美來路)의 아름다운 공간 〔이태호 | '이응노의 집' 고암 이응노 생가 기념관 명예 관장, 초대 명예 관장〕

'이응노의 집'에 쌓인 마음들

'이응노의 집'에 마련된 기념관은 미망인 박인경 여사, 고암의 손자 이종진 선생과 손녀 이경인 여사의 소장 유품과 작품들의 기증으로 시작되었습니다. 또 고암을 사랑하는 분들의 작품 기증이 이어져 전시실을 알차게 만들게 되었습니다. 청관재의 박경임 여사, 가나아트센터 이호재 대표, 공화랑 공상구 대표, 노화랑 노승진 대표, 동산방화랑 박우홍 대표, 학고재 우찬규 대표, 현대화랑 박명자 대표 등이 기증에 적극 참여하셨습니다. 홍성에 소재한 청운대학교 이상열 총장, 홍성 출신 기업인 대륭건설 이환근 회장, 고암 이응노 생가 기념관 개관 준비 위원장 유홍준 교수 등이 좋은 작품을 건네주셨습니다. 우리 사회 기증 문화의 진정한 모범을 보여 주는 기념관 건립이라고 자부합니다. 홍성군도 기념관 건립 건축 공사에만 그치지 않았습니다. 기념관에 필요한 고암의 작품을 구입하여 보완하고, 윤후영 학예연구사를 채용하였습니다. 김석환 현 홍성군수의 열린 가슴과 담당 공무원들의 열정 덕택에 명실공히 공공 미술관의 기틀을 갖추게 되었습니다. 여기에 공감하여 기념관의 운영 방안과 전시 자문에 적극 참여한 홍익대학교 안상수 교수, 서울대학교 김민수 교수, 동덕여자대학교 김학량 교수, 김호석 화백 등의 노고가 곁들여졌습니다. 이러저러한 미덕이 쌓여 '이응노의 집'이 완성된 것입니다.

고암이 곧 고암 그림!

기념관에 선보이는 유품들은 이응노의 삶과 예술의 체취를 진하게 전해 줍니다. 젊은 시절 준수한 용모부터 노경의 해맑은 표정까지 고암의 인생이 묻어나는 옛 사진들이 특히 그러합니다. 도인의 품위를 전해 주는 노인의 얼굴은 고암 그림이 곧 고암 그 사람이고, 고암이 곧 고암 그림임을 잔잔하게 드러냅니다. 전시 공간은 고암 이응노의 예술 세계와 그 흐름을 충분히 감상할 수 있도록 꾸몄습니다. 먼저 고암의 스승인 해강 김규진의 묵죽도(墨竹圖)를 포함하여 고암의 초기 대나무와 사군자 등 수학 시절 작품들이 선보입니다. 이어 분방한 필치로 변형시킨 묵죽도를 비롯하여 산수화, 동물화, 화조화, 풍속 인물화 등 개성적인 수묵화의 진면목을 살필 수 있습니다. 여기에 유럽에서 꽃피운 신경향의 수묵 추상화나 〈문자 추상〉, 그리고 〈군상〉 시리즈 등 후기의 걸작들이 함께 합니다.

우리 미술을 알리는 교육의 장

'이응노의 집'은 기념 전시관으로서 맡은 바와 더불어 고암을 기리며 고암을 좇아 전통 수묵화의 현대화를 시도하는 교육 공간으로 거듭나도록 노력하렵니다. 교양 강좌나 대중 예술 교육은 물론이려니와, 어린이 청소년 미술 교육과 청년 작가의 발굴에 앞장설 것입니다. 고암과 홍성을 전 국민에게 알리고 세계화할 기획전도 꾸며 볼 예정입니다. 최근 우리 미술계의 중심이 서양화, 현대 미술, 외국 작가에 기우는 경향에 따라 전통 수묵화가 너무도 소외되어 안타까운 현실입니다. '이응노의 집'이 우리 전통 회화를 다시 살리는 구심점이 되도록 노력하겠습니다.

자연과 어우러진 삶과 예술의 향기!

너른 홍성 평야에 용봉산이 듬직하게 놓인 풍경 아래, '이응노의 집'은 평이하면서 한국적인 자연 환경과 기념관 건축물이 격조 있게 조화를 이룬 아름다운 공간입니다. 고암이 태어난 정기를 호흡하며, 삶과 예술의 향기를 맡을 수 있는 터입니다. 여기에 고암의 가족·친지들과 고암을 사랑하는 이들의 품위가 함께 녹아 있어 더욱 빛이 납니다. '이응노의 집'은 홍성이 크게 자랑할 만한 기념관입니다. 또 홍성군이 추구하는 '미래로(美來路)'에 안성맞춤인 터전입니다. 그야말로 '아름다운 미래를 여는 길'이라는 의미의 미래로(美來路)는 고암이 평생 추구한 예술 이념이기도 했기 때문입니다. ●

2011년 11월 ● 초대 명예 관장 **이태호**

미술사학자 **이태호** 선생은 명지대학교 교수를 정년 퇴임하고 초빙 교수로 있습니다. 홍익대학교 대학원 미술사학과를 졸업하고 국립중앙박물관과 국립광주박물관 학예연구사, 명지대학교 박물관과 전남대학교 박물관 관장을 지냈습니다. 한국 회화사 가운데에서도 특히 조선 후기와 근대 회화를 연구해 왔습니다. 고암 이응노 생가 기념관의 첫 명예 관장이자 운영위원장을 맡았습니다. 저서로는 『조선 후기 회화의 사실 정신』, 『옛 화가들은 우리 얼굴을 어떻게 그렸나』 등이 있습니다.

이응노, 한국 현대 미술사에 남겨진 공백 [유홍준]

이응노의 집, 만든 이야기
이응노, 한국 현대 미술사에 남겨진 공백 [유홍준] | '이응노의 집' 고암 이응노 생가 기념관 개관 준비 위원장

빈칸으로 남겨진 고암 ● 평론을 하면서 나는 언제나 빚에 쪼들리며 살게 됐다. 하나를 쓰면 또 다음 글이 기다리는 끊임없는 원고 빚을 갚으면서 사는 것이 내 직업의 생리로 되어 있다. 그런 원고 빚 중에서 아주 무거운 빚을 진 것이 있었다. 그 빚은 5년을 두고 갚지 못했는데, 사실은 못 갚은 것이 아니라 안 갚은 것이었다. ● 1984년 봄, 한국정신문화연구원에서 『한국정신사대계』 제2차 집필자 회의가 있었다. 이 회의는 1990년에 발간될 『한국정신사대계』의 현대편을 집필할 각 분야의 필진들이 시대 설정 등 집필 체계의 일관성을 이루기 위한 모임이었다. 이 자리에서 나는 1945년 8·15 해방부터 1985년 사이의 미술 분야를 집필하는 사람으로서 두 가지 애로 사항을 제시했다. 하나는 1945년부터 1948년 사이의 해방 공간에 이루어진 미술을 서술하는 데 얼마만큼의 자유가 보장될 수 있는가, 특히 월북 화가들을 언급해도 좋은가라는 것이었고, 두 번째는 고암 이응노를 언급해도 좋은가라는 질문이었다. ● 정신문화연구원 측은 두 가지 사항 모두 집필됨이 타당함을 인정하면서도 시국을 감안하여 자제해 줄 것을 당부했다. 그 결과 2백자 원고지 3백 매에 해당하는 그 원고는 몇 년을 빈칸으로 남겨 놓은 채 내 서랍 속에 묵고 있었다. 시국은 세월이 흐르면서 변하지만, 내 글은 7년 뒤에나 발간되는 데다 방대한 학술 사업의 일환이므로 나로서는 좀 더 기다려 보자는 배짱으로 몇 년째 빚을 갚지 않고 버티었다. 그것이 1988년에 들어와 월북 작가 해금과 함께 하나씩 풀려 내 원고의 빈칸이 모두 메워져 해묵은 원고 빚을 5년 만에 청산하게 됐다. ● 사실상 나는 고암의 예술을 논할 만큼 그의 예술이나 인생에 대하여 아는 바가 없다. 내가 우리 나라 현대 미술에 대하여 공부하는 동안 고암 얘기를 들어 본 적이 없었다. 고암에 관한 제대로 된 화집이나 작가론도 본 적이 없었다. 더욱이 전시장에서 고암 그림을 본 적도 없었다. 그 정도로 고암에 관한 모든 정보는 나에게, 아니 우리에게 철저히 차단되어 있었다. ● 그 당시 내가 알고 있는 고암에 대한 사항은 '동백림 사건' 관련자이며, '윤정희·백건우 납치 사건' 관련자라는 '불온한' 사건의 주인공이라는 것뿐이었다. 나는 불행하게도, 참으로 불행하게도 1975년의 현대화랑 개인전, 1976년의 신세계미술관 개인전, 1977년 문헌화랑의 〈무화(無畵)〉 발표전을 보지 못했다. 전시장을 열심히 쫓아다니던 시절인데 왜 고암의 개인전을 모두 놓쳤는지 지금 생각해도 이해가 안 간다. ● 이처럼 고암에 대하여 거의 백지 상태이던 내가 해방 이후 한국 미술사에서 비록 빈칸으로 남겨 놓을지언정 고암을 빼놓고는 서술할 수 없다는 생각을 갖게 된 것은 아주 우연한 기회에 고암의 작품을 보고 받은 감동 덕분이었다.

고암 예술의 발견 ● 1980년 봄, 나는 어느 화랑에 들렀다가 화랑 안쪽 응접실에 걸려 있는 조그만 수묵화 한 점을 보고 깜짝 놀랐다. 경주 석굴암의 인왕상(仁王像)을 속사(速寫)한 6호 정도 크기의 작품인데 그 수묵 스케치가 보여 준 생동감은 사실(寫實)과 사의(寫意)가 혼연일체되어 다른 말로 따질 것이 없는 살아 있는 그림이었다. 그 때 받은 강

렬한 인상과 깊은 감동을 나는 지금도 잊지 못한다. 수묵으로 그리는 그림도 저렇게 리얼리티를 얻을 수 있구나 싶어 작품 앞에서 넋을 잃었다. 얼마쯤 지났을까, 화랑의 주인이 내게 "그 작품이 그렇게 좋으세요."라고 말하는 바람에 나는 내가 지금 화랑에 와 있음을 알 정도로 넋을 놓고 있었다. 얼떨결에 "놀랍네요."라고 대답하고 그림 옆에 씌어 있는 글 "1956년, 경주 여행 중에 고암 그리다〔1956年 慶州 旅次顧菴寫〕"라는 글을 읽으면서 이게 누구 그림이냐고 물었다. ● "고암을 모르세요. 이응노 씨요." 부끄러운 얘기지만 이응노는 들어 봤어도 고암 소리는 처음이었다. 수묵화의 형식만이 보여 주는 힘을 이 작품에서 처음 느낀 것이었다. 나는 이 작품을 빌려 한동안 내 방에 놓고 보았는데 우연히 김원용(金元龍, 1922~1993년) 선생께 이 얘기를 한 것이 계기가 되어 이 작품은 선생의 애장품이 됐다. ● 그리고 얼마 안 되어 나는 고암의 정물화를 만나게 되었다. 최순우(崔淳雨, 1916~1984년) 관장이 소장했던 이〈정물〉은 그 산뜻한 색감과 간결한 형태의 요약이 절묘하여 나는 속으로 "마티스가 동양화 기법으로 그린 것 같다."고 중얼거렸다. 이 작품이 30여 년 전 고암의 그림이라는 사실이 나를 더욱 놀라게 했다. 여기에서 나는 현대적 감각에 입각한 수묵화 기법의 한 가능성을 확인했던 것이다. ● 인연이 되려니까 얼마 후 또 다른 고암의 그림을 보게 되었다.〈설매(雪梅)〉였다. 매화 나뭇가지에 눈이 쌓여 있는 것을 그렸는데 형태는 거의 반추상(半抽象)으로 해체시키고 그 이미지는 명확히 살려 내면서 한쪽엔 달빛을 받은 무리〔暈〕를 이루며 빠르게 퍼져 간 먹의 자취가 화면 속에 생기를 불러일으킨다. 그것은 매화를 그린 것인가, 추상 작업인가, 앵포르멜 수법인가 따위를 따질 것 없이 있는 그대로 현대적 조형이면서 한편으로는 서정성과 이미지의 충실성을 함께 지니고 있는 그런 세계였다. 여기에서 나는 수묵화의 현대적 조형이 어떻게 가능한가의 좋은 시범을 보았다.

고암 연구를 시작하다 ● 결국 이 세 작품은 나에게 고암의 예술 세계와 함께 현대 수묵화의 모든 가능성과 확신을 심어 준 계기가 됐다. 먹의 번지기 효과가 일으키는 우연성이 오히려 관객의 상상력을 촉발시키는 계기로 전환되는 현대 미술적 해석도 해 보게 되고 필선의 운동감에서는 필획에 실린 주관적 성격이 얼마나 절실한가도 생각해 보게 되었다. ● 이후 나는 고암을 연구하였다. 고암의 작품이 있다고 하면 남의 집 안방까지 찾아가 보았고 고암에 관한 사진 자료와 그의 글, 그리고 신문 스크랩과 팸플릿을 모으고 그의 작품을 분석해 보면서 오늘날 깊은 침체에 빠진 한국화의 새로운 모색을 다름 아닌 고암의 예술 세계에서 찾아보게 되었다. 그리하여 나중엔 그에 대한 언급없이 한국 현대 미술사를 쓸 수 없다는 생각까지 갖게 된 것이다.

다양한 소재와 다양한 기법, 초인적인 창작력 ● 이제까지 내가 본 고암의 작품은 얼마 되지 않는다. 1988년 호암미술관 전시회가 열리기 전까지 실작품으로 본 것은 1백 점 남짓할 것이고, 도판으로 본 것이 또 2백 점 정도일 것이다. 웬

이응노의 집, 만든 이야기
이응노, 한국 현대 미술사에 남겨진 공백 〔유홍준 | '이응노의 집' 고암 이응노 생가 기념관 개관 준비 위원장〕

만한 작가의 작품을 그 정도 보았다면 많이 본 편이지만, 고암의 경우는 빙산의 일각도 안 된다. ● 고암은 1939년에 첫 개인전을 갖고, 1940년에 제2회 개인전을 가졌다. 그리고 1946년 제3회 개인전을 가진 이후 오늘에 이르기까지 거의 해마다 작품전을 가졌다. 어느 해에는 두어 차례 가졌으며, 1958년 도불(渡佛)하기 전까지 국내에서 가진 개인전만도 15회, 그것도 서울, 부산, 대전, 광주, 전주, 홍성, 예산, 수원 등지에서 열렸다. 전시회가 그리 흔하지 않던 시절인데도 줄기차게 작품을 발표해 왔던 것이다. 유럽으로 간 이후 고암의 개인전은 수십 차례라고 기록할 수 있을 뿐, 일일이 다 헤아리지도 못한다. 이 왕성한 창작력, 예술적 상상력에 나는 질겁을 하였다. 그래서 1958년 중앙공보관에서 열린 《도불 개인전》때 어떤 사람이 작품을 사고 싶다고 했으나 그것은 자신의 작품 3천 점 중에서 골라낸 30점으로, 유럽에 가서 세계의 화가들과 대결하려고 작정하고 만든 것이므로 팔지 않았다는 작가의 말은 결코 과장이 아닐 것이라고 생각한다. 3천 점 중에서 고른 것이란다. ● 그런데 더욱 기막힌 것은 내가 기껏 본 1백 점의 작품 중 비슷한 것을 아직껏 보지 못했다는 점이다. 새로 대하는 작품은 저마다 독특한 것으로 내용이 다르거나 형식이 달랐다. 심지어 대나무 그림이라는 일정한 형식의 틀에 구속받을 그림조차 똑같은 풍으로 그린 것을 보지 못했다. 나의 견문이 짧아 못 본 것이 아닌 듯하다. 1976년 화랑가에 미술 붐이 한창일 때 고암의 가짜 그림이 많이 나돌았다. 『중앙일보』 1976년 10월 12일자 신문에는 고암이 서울의 화랑가에 있는 그림 중 여섯 점이 가짜임을 밝혀 내고, 『한국일보』 1976년 12월 15일자에 「나의 가짜 그림에 대하여」라는 글을 기고했는데 이런 구절이 있다. ● "현재 서울의 한 화랑에서 3장의 황소 그림을 걸어 놓고 나의 것이라고 선전하고 있다고 한다. 이 3장의 그림은 마치 판에 박은 듯 똑같다고 한다. 무엇 때문에 하나의 그림을 3장이나 똑같이 그렸겠는가? … 하나의 점, 하나의 선 속에는 나의 과거가 있고 나의 정신이 깃들어 있는 것일 텐데…." ● 고암의 이처럼 왕성한 창작 활동은 어떻게 가능했을까? 아마도 그는 그리고 싶어서 가만히 있질 못하는, 선천적인 작가 기질을 갖고 있는 분인 듯하다. '동백림 사건'으로 서울구치소에 수감되었을 때 고암은 집필 허가를 받지 못해 간장으로 휴지에 그림을 그렸다고 한다. 그것도 교도관 몰래. 형이 확정되고 대전교도소로 이감되고 나서는 교도관이 가져다 준 지필묵으로 그림을 그렸고, 안양교도소로 이감해서는 밥풀을 이겨 개어서 종이, 천 조각, 나무 등으로 조각·오브제를 만들었던 것은 널리 알려진 사실이고 그 때 작품들이 많이 남아 있다. 교도소 시절 그의 작품에 모두 낙관 도인이 없는 것을 보면 도장과 인주는 차입되지 않았던 모양이다. 간혹은 '대전교도소에서' '안양교도소에서'라는 글을 넣기도 했지만 그렇지 않은 경우도 있다. 이를테면 〈청죽(靑竹)〉은 '고암'이라는 사인만 있는 화선지에 '전주제지근제'라는 빨간 상표가 그림 아래쪽 끝에 붙어 있다. 화선지의 질을 고를 기회가 없던 고암의 처지, 그래도 구애치 않고 그려야만 했던 고암의 모습을 상상해 보게 된다. 교도소 시절 그의 작품에는 감옥살이의 답답함과 울적한 심정이 붓끝에 실렸기 때문인지 그 필획의 주관성과 사의성(寫意性)이 더욱 절실히 느껴지기도 한다. ● 고암의 무서운 창작욕과 호기심을 말해 주는 또하나의 물증은 수덕사 앞에 있는 수덕여관 뒤뜰 넓적한 바위 옆에 새겨진 문자 추상 암각화(岩刻畵)이다. 이 평평한 바위는 여럿이 술상을 벌이기 안성맞춤인 반석인데 그 둘레에 그림을 새기고는 '69년 응노 그리다'라고 적어 넣었다. 출옥 후 잠시 여기에 머물던 시절의 작품인 것이다. 1988년 봄, 나는 이 수덕여관에서 고암의 누님을 만났다. 우물에서 세수하던 할머니가 이 암각화를 유심히 보고 있던 나를 부르더니 "이 그림은 나보다 네 살 아래인 동생 응노가 새긴 것인데, 저 문자 속에 삼라만상이 다 들어 있다고 했다우." 하는 것이었다. ● 나는 고암의 다작이 얼마나 초인간적인 것이며 무엇이 그것을 가능케 했는가를 생각해 보았다. 이 점에 대해서도 고암 자신의 얘기를 들어 보는 쪽이 빠르고 정확할 것이다. 1977년 문헌화랑에서 열린 《고암 이응노 무화 발표전》 팸플릿에서 그는 「신작 무화를 발표하면서」라는 제목 아래 이렇게 말하고 있다. ● "나는 17세 때까지 이러한 (고향의) 자연 속에서 자랐다. / 나는 그림을 그리고 싶었다. 하나 그 곳에는 아무도 나를 도와 주기를 원하는 사람이 없었다. 오히려 내가 그림 그리는 것을 방해하려고 했다. 나는 그래도 고독을 알지 못했다. 그들은 그들이 하고 싶은 말을 했을 뿐이다. 나는 혼자 몰래 가벼운 마음으로 항상 그림을 그렸다. / 땅 위에, / 벽에, / 눈 위에, / 그리고 검게 탄 나의 피부에, 손가락이나 나뭇가지 또는 돌을 가지고서…. / 그렇게도 가깝게 느껴지는 머나먼 과거! 지금도 또한 나의 손가락이 붓을 쥘 때 나의 눈은 거기에 고정된다. / 지금도 그 때처럼 항상 그림을 그리는 일, 그것만이 변함없는 나의 행복이다." ● 고암의 이런 창작욕과 불길 같은 창작 활동을 장우성은 「화맥인맥(畵脈人脈)」(제65회, 『중앙일보』 1982년 2월 23일자)에서 다음과 같이 증언하였다. "고암은 어쩌나 부지런한지 잠시도 앉아 있지 않고 쏘다녔다. 그림도 다작(多作)이어서 언제든지 화실에는 습작해 놓은 작품이 수북이 쌓여 있었다. 잠이 별로 없어서 밤에도 불을 켜 놓고 그림을 그렸다. 자정 무렵에 서너 시간 눈을 붙이고는 새벽에 일어나 장작을 팼다."

화풍의 변모 과정 ● 이제 우리는 고암이 어떻게 자신의 예술을 변모시켰는지, 또 그 편년 체계가 어떠한 것인지를 알아볼 차례이다. 고암 작품의 다양한 경향과 그 분주한 변천 과정은 결코 변덕스러운 흠으로 나타난 것이 아니다. 그에게 변모란 작품 내적으로 필연성을 지니고 있으며, 작가 정신의 고양이라고 하는 하나의 줄기 속에서 부단히 새로운 것을 시도해 온 결과의 산물이다. ● 고암이 자신의 예술적 변모 과정을 스스로 말해 왔기에 그의 예술적 편년을 잡는 데는 별 어려움이 없다. 고암은 1956년에 『동양화의 감상과 기법』(문화교육출판사)이라는 저서를 펴냈다. 이 책은 자신의 작품과 전통 회화를 예증으로 하면서 현대 동양화의 새로운 가능성을 설명해 가는 아주 재미있고 유익한 책이다. 이 책 권두에서 그는 '저자의 작품 경향적 구분'이라는

이응노의 집, 만든 이야기
이응노, 한국 현대 미술사에 남겨진 공백 [유홍준 | '이응노의 집' 고암 이응노 생가 기념관 개관 준비 위원장]

제목 아래 다음과 같은 글을 싣고 있다. ● "제1기, 즉 초기에 있어서는 문인화(文人畵)를 시작하였으며, 제2기에 있어서는 사생(寫生)을 중심으로 하였고, 제3기 즉 현금(1956년)에는 사의[思意, 사의(寫意)라는 뜻인 듯함—인용자]를 중심으로 현대 회화로서 동양화가 개척해 나가야 할 새 길을 탐구 중." ● 1958년 도불하기 전까지 고암의 모습은 그런 것이었다. 그리고 고암은 자신을 늘상 정리하면서 살아가는 매우 침착한 일면을 지니고 있는 것이 간혹 그의 글 속에서 느껴지곤 하는데, 1976년 신세계 미술관 개인전 팸플릿 머리에 그는 다음과 같이 자신의 변모 과정을 적어 놓았다. ● "내가 그림을 시작한 것이 벌써 70년이 되었다. 그 지나온 70년을 되돌아 보니, 소년기의 자유 자재했던 시절을 제하고 약 10년 주기로 여섯 번으로 나누어져 변화하였음을 발견하게 된다. / 20대를 우리 나라 전통의 동양화와 서예적 기법을 기초로 한 모방 시기라 하면, 30대를 자연 물체의 사실주의적 탐구 시대, 40대를 반추상적 표현이라고 할 수 있는 자연 사실에 대한 사의적(寫意的) 표현, 그리고 50대에 구라파로 와서 추상화가 시작된다. 그로부터 오늘까지를 다시 나누어 10년을 사의적 추상(抽象)이라면, 후기 10년을 서예적(書藝的) 추상이라고 이름 지어 보겠다." ● 그리고 고암이 이 글을 쓴 지 10년이 지난 오늘(1988년)에 이르면 분명히 최근의 경향을 말하고 있을 것 같다. 내가 1987년에 1년간 미국에 있을 때 본 그의 최근작은 '전통적 소재의 현대적 재해석'이라 할 만한 것이었다. 특히 인간·사자·학·소 등 생명체들이 무리를 이루며 갖가지 형태로, 갖가지 방향으로 엮어지는 그의 그림은 '서예적 추상'에서 서예의 원형, 즉 사물로 복귀하여 그것을 사의적으로 그려 낸 것이다. 어쩌면 그것은 10년 전 그가 〈무화〉를 그릴 때부터 지녀 온 예술 경향이며, 그렇게 따진다면 이 지칠 줄 모르는 노익장은 오늘날 또 다른 세계로 치닫고 있을지 모른다는 생각이 퍼뜩 들게 된다. ● 한국의 상황, 특히 김지하의 시를 주제로 작품 활동을 해 온 일본인 화가 도미야마 다에코(富山妙子)는 이응노와 그의 부인인 화가 박인경(朴仁景)과 대담을 하여 『이응노—서울·파리·도쿄』, [동경(東京), 기록사(記錄社), 1985년]를 펴낸 바 있다. 이 책의 부제는 '그림과 민족을 둘러싼 대화(對話)'라고 되어 있는데, 여기에서 다에코는 이응노의 근작을 보면서 "선생은 소년 시절의 원점(原點)으로 돌아가는 것 같은 느낌을 줍니다."라고 했다. 이응노는 이 말에 답변하지 않았지만 부인하지도 않았다.

이응노의 예술 철학 1 ● 그처럼 다양한 변모를 거쳐 온 이응노의 예술 세계가 지향하는 궁극적인 이상은 무엇이었을까? 우리가 지금 알고 있는 고암의 예술 세계는 대개 문자 추상이다. 도불 이후 발전시킨 이 작업에 대하여 고암은 현지 특파원과 인터뷰를 하며 이렇게 말한 적이 있다. ● "나는 특히 한국의 민족적인 추상화를 개척하려고 노력했습니다. 나는 동양화에서 선(線), 한자나 한글에서의 선, 삶과 움직임에서 출발하여 공간 구성과의 조화로 나의 화풍을 발전시켰지요. 한국의 민족성은 특이합니다. 즉 소박·

깨끗·고상하면서 세련된 율동과 기백—이같은 나의 민족관에서 특히 유럽을 제압하는 기백을 표현하는 것이 나의 그림입니다."(《중앙일보》1972년 12월 5일자) ● 또 고암은 자신이 추구하는 문자 추상의 내면에 서린 정신에 대해서는 다음과 같이 말하고 있다. ● "이미 동양화의 한자 자체가 지니고 있는 서예적 추상은 그 자원(字源)이 자연 사물의 형태를 빌린 것과 음과 뜻을 형태로 표현한 것이니 한자 자체가 바로 동양의 추상적 바탕이 되어 있는 것으로 안다. 그러나 여기서 더욱 중요한 것은 형태의 아름다움이 무형의 공간에서 만들어질 때 '무형이 유형'이라는 동양의 철학적 언어가 발생되며, 그것이 바로 현재 내가 하고 있는 그림의 구상이다. 글씨가 아닌 획과 점이 무형의 공간에서 자유자재하게 구성해 나가는 무형의 발언이다. 몇 가지 덧붙인다면 내가 빌려 표현하는 자연 물질과의 융화는 또한 나의 생명인 예술의 반려자이다." ● 그러한 예술 철학에 입각한 고암의 작업은 파리에서 크게 각광을 받았다. 서양의 물질 문명에 동양의 정신을 화합시키는 작업에 매력을 느끼고 그것이 추상 미술의 한 방향임을 보여 줌으로써 파리의 예술계에서 성공했던 것이다. 그리하여 현지 평론가들은 다음과 같은 찬사를 보냈다. ● "고암은 유럽 회화에 새로운 비전을 가져다 주었다. 그러나 이러한 결과는 많이 알려진 혹간의 일본 예술가들 경우처럼 입에 침바른 손재간 놀음으로 이루어진 것은 아니다. 그는 허(虛)가 곧 충일(充溢)이요, 충일이 곧 허일 수 있는, 이 정신 상태를 서구적 표현 양식을 빌려 재생산해 낸 것이다. 추상이라도 좋고, 지적 그림 또는 관념적 그림이라도 좋다. 그 그림이 지니고 있는 회화적 결과만으로 족하다."(프랑수아 플뤼샤르, 「종합의 세계」에서) ● "끊임없이 새로운 주술적 매력을 불러일으켜 우리들을 매혹하고 사로잡는다. 여기에는 아름다움 이외의 어떤 것도 없다. 이 극동의 예술 거장은 기호나 기호 비슷한 것에 대하여 풍부하고 깊은 지식을 갖고 있으며 그것이 우리를 더욱 열광케 한다. / 이응노는 어떤 자기 권위의 책략을 부리지 않고, 우리 예술 애호가들을 주술에 걸어 넣어 함께 어울리게 한다. … 요컨대 이응노의 작품은 깊은 예술적 수련을 쌓은 필적(筆跡, 書藝)으로 완전한 자유를 창조하고 있다. 그의 작품은 엄격함과 동시에 마술적이며, 놀라운 주술법(呪術法)을 발하면서 본질적으로 범신론적 미학을 보여 주는 탁월한 명기성(明記性) 속에 존재한다."[미셸 타피에(Michel Tapié), 「이응노의 작품」 중에서] ● 파리 체재 20년이 되는 1978년까지 이응노의 예술관과 그 곳 평론가들의 평가는 이상과 같은 것이었다. 그러나 이것으로써 이응노의 예술 세계를 전부 설명할 수는 없다. 왜냐하면 작가 스스로 말했듯이 그의 예술은 끊임없이 변해 왔고, 고암에게 있어서 변화가 없다는 것은 곧 예술의 죽음이고 모방의 타성이 되는 것이다. 고암은 변화의 추구를 하나의 예술 정신으로 받아들이고 있다.

이응노의 예술 철학 2 ● 고암은 1973년 3월 2일자 『동아일보』에 「창작과 모방」이라는 글을 기고한 적이 있다. '어느 이름 있는 한 후배'가 자신의 종이 붙이기(파피에 콜레)

이응노의 집, 만든 이야기
이응노, 한국 현대 미술사에 남겨진 공백 〔유홍준 | '이응노의 집' 고암 이응노 생가 기념관 개관 준비 위원장〕

나 상형 문자를 바탕으로 한 독창적 작업을 흉내낸 데 대한 분노에서 쓴 경고의 글이었다. 그래서 이 글은 곧 '어느 이름 있는 한 후배'인 남관(南寬, 1911~1990년)과 독창성 시비를 벌이게 된 발단이 되었다. 그 논쟁은 별로 재미없는 사건이었고 다만 나는 고암의 이 글에서 그의 예술관을 정확히 읽어 낼 수 있었다. ● "예술가의 사명은 새로운 가치의 창조에 있다. 새로운 가치 창조라는 것은 생(生)에 대한 진실의 창조이며, 따라서 이는 독창적일 수밖에 없다. … 예술가의 생의 목적도 또한 자기의 발견에서 오는 일종의 행복이다. 그것은 남에게 꼭 인정받아야만 그 가치를 발휘한다고는 생각되지 않으며 어디까지나 스스로의 행복감을 갖는 데서 그치는 것이다." ● 고암이 말한 대로 생에 대한 진실의 창조와 자아의 발견은 창작 세계에서 가장 중요한 부분인지 모른다. 그러나 진실과 자아라는 것이 개별적이고 절대 불변의 것이 아니라는 부분, 즉 예술의 대 사회적 관계와 사회적 삶과 작가의 삶이 어떻게 만날 수 있고 또 인식될 수 있는가에 대하여는 확고한 인식이 보이진 않는다. 고암 자신은 늘 민족적인 것, 한국적인 정신을 바탕으로 작업하고 있음을 말하지만 그가 인식하고 있는 그 실체는 매우 관념적이라는 인상을 지울 수 없다. 그러나 이 문제에 대하여 젊은 시절 고암의 처지는 좀 달랐던 것 같다. ● 그는 서양화를 그리지 않고 동양화를 택한 것은 오직 "민족적인 그림을 그리지 않으면 안 된다."는 일념 때문이었다고 술회한 적이 있다. 일본 유학 시절 대부분의 한국인 유학생들이 서양화를 배우면서 "그까짓 동양화는 해서 뭘 해."라고 비웃을 때도 자신은 이런 의지에서 붓과 먹을 지켜 왔다는 것이다. 그리고 제한된 상황 속에서나마 그런 뜻을 작품에 담아 왔다고 한다. ● "1940년일 겁니다. 《일본화원전(日本畵院展)》에 〈황량(荒凉)〉이라는 작품을 출품했습니다. 이것은 조선인으로서 당시 나의 견딜 수 없는 마음을 그림으로 그린 것입니다. 그리고 아시아 각지에서 화가를 초대한 전람회가 있었는데 나는 〈사해동춘(四海同春)〉이라는 제목의 작품을 발표하였습니다. 이것은 전쟁으로 사람과 사람이 서로 죽이는 상황에서 세계 평화를 기원하는 뜻이었습니다."(『이응노―서울·파리·도쿄』, 119쪽.) ● 해방 후 6·25 동란을 거치는 동안 〈농촌〉, 〈피난길〉 등을 그리던 고암이 1955년에 그린 〈취야(醉夜)〉에 대하여는 이렇게 설명하고 있다. ● "〈취야〉는 나의 자화상이라고 할 그림입니다. 자포자기한 생활 속에서 눈에 비친 야시장(夜市場)의 장면, 생존 경쟁 속에서도 서민 생활의 체취가 따뜻하게 느껴졌던 것입니다. / 1954년인가에 〈영차영차〉라는 그림을 그린 것이 있죠. 이것은 노동자의 힘내는 소리로, 하나의 통나무를 네 명의 노동자가 함께 걸어 메고 영차영차 소리를 내며 옮겨 갑니다. 나에게는 권력 있는 사람보다도 약한 사람들, 모여서 살아가는 사람들, 움직이는 사람들, 일하는 사람들 쪽에 마음이 쏠리고, 그들 속에서 내가 살아가고 있음을 발견하곤 했습니다."(『이응노―서울·파리·도쿄』, 157~158쪽.)

이응노의 예술 철학 3 ● 그러한 자아의 인식, 사회 속에서 자신의 삶을 발견하던 고암이 몇 년 후에는 파리로 떠나게 되었다. 왜 그랬는가에 대하여 나는 어떤 정보도 갖고 있지 못하다. 작가 스스로 한 얘기도 볼 수 없다. 단 하나 알고 있는 것은 '세계의 대가들과 겨루어 보고 싶어서'였다는 사실뿐이다. 사회 속에서 자신을 끊어 버린 것은 앞서 〈취야〉를 그릴 때 가졌던 자포자기의 감정이었을 것이며, 세계의 거장과 겨루고 싶은 마음은 당시 전란을 치른 후진국 지식인의 선진국에 대한 동경과 열등 의식에서 나온 것이리라. 그런 분위기가 사회에 팽배한 가운데 고암을 비롯한 많은 예술가들이 파리로 떠나게 된 것이라고밖에 풀이할 수 없다. 아마도 고암은 세계 거장과 겨루어 승리하는 것이 자신의 승리이고 예술적 승리이며, 민족의 영광이라는 차원에서 자아를 생각했고 민족을 생각한 듯하다. ● 결국 고암은 소기의 목적대로 승리했다. 예술을 통하여 자신과 민족의 영광의 일부분을 쟁취하였으니까. 그러한 고암이 최근에 다시 작품의 경향과 목표를 달리하면서 다음과 같은 말을 한 것을 보면 이 세상에 대하여, 또는 조국 한국에 대하여 보여 주고 싶은 그 무엇이 있는 것 같다. ● "나는 화가의 무기는 그림이라고 생각합니다. 옛날 예술가들은 권력자에 봉사하고, 권력의 노예로 되었습니다. 그러나 현대 예술가라면 자신의 사상과 철학을 대중의 입장에 세워야 할 것입니다."(『이응노—서울·파리·도쿄』, 199쪽.) ● 고암은 이렇게 단호히 말하고 있다. 그런 정신의 예술적 산물이 과연 어떤 것인지 나는 무척 보고 싶을 따름이다.

빈칸을 메울 나의 얘기 1 ● 한국 근현대 미술사에서 고암이 차지할 자리를 가늠하는 일이 나에게 당장 주어졌다. 몇 년째 묵고 있는 내 미완의 원고에 남아 있는 빈칸을 메우게 됐기 때문이다. 따라서 다소 무리가 따르겠지만 일단 이렇게 내 생각을 정리해 보았다. ● 미술사적 평가란 당대의 비평 활동과는 다소 시각을 달리하는 부분이 있게 마련이다. 즉 당대 화단에서 그가 지닌 예술적 지위나 평가로부터 홀연히 벗어나서 역사의 거리를 갖고 예술을 평가하게 되는 것이다. 그리고 여기에서 취하는 시간의 개념은 자못 커다란 시각이 아닐 수 없다. ● 고암의 예술적 성취를 미술사적으로 볼 때 나는 두 가지 측면을 말하고 싶다. 하나는 1950년대 후반, 그가 '사의를 중심으로 현대 회화로서 동양화가 개척해 나아가야 할 새 길을 탐구 중'이던 시절의 작품들이 이룩한 성과에 대한 평가이며, 또 하나는 도불 이후 '사의적 추상, 서예적 추상이 이룩한 성과'를 따로 분리해서 평가해야 한다는 생각이다. ● 현대 회화로써 전통 회화를 개척하면서 보여 준 고암의 업적은 한국 현대 미술 80년의 역사 속에서 가장 빛나는 부분이다. 구한 말 개화 바람 속에 서양화가 밀려들어 오면서 신미술 운동이 유화를 중심으로 일어났을 때 동양화라는 전통 회화는 이 시대 조류 속에서 적극적으로 자기를 방어하지도, 변신시키지도 못했다. 내용과 형식 모든 면에서 고답과 인습을 벗어나지 못했으며 몇몇 시도라는 것도 시행착오적이고 보잘 것 없는 것이었다. 더욱이 《조선미술전람회》를 통한 일본 감성의 이입이 일어났을 때 전통 회화는 무기력하게 쓰러지고 말았

이응노, 한국 현대 미술사에 남겨진 공백 (유홍준 | '이응노의 집' 고암 이응노 생가 기념관 개관 준비 위원장)

다. 이 오랜 기간 최소한 일제 36년간의 질곡만큼이나 답답한 전통 회화의 진부성을 혁파한 것은 1950년대에 세 사람의 화가들이 펼쳐 보인 작업에서 찾을 수 있다. 청전 이상범(青田 李象範, 1897~1972년), 소정 변관식(小亭 卞寬植, 1899~1976년), 고암 이응노이다. ● 청전은 전형적인 우리 야산의 스산한 정취를 포착하면서 새로운 시대의 진경 산수를 창출해 냈고, 소정은 금강산 풍경을 그리면서 우리 산야의 수려한 아름다움과 풋풋한 서정을 담아냈다. 두 작가 모두 전통에 기반을 두면서 자기의 개성을 계발시킨 것이었다. 이와 달리 고암은 문인화의 전통 속에 보이는 사의를 바탕으로 산수·인물·동물 등 다양한 소재를 현대 감각으로 변신시키는 데 성공했다. 그 새로운 감각과 멋은 오늘의 작가들도 따라잡기 힘든 신선함과 활달한 기상을 보였다. ● 청전, 소정, 고암의 이런 예술적 성과들이 모두 1950년대에 이루어졌다는 사실에서 우리는 많은 것을 생각하게 된다. 1950년대 중반이면 이 세 작가 모두 50대에 해당한다. 인생의 리듬으로 볼 때 기법이 원숙해진 단계에서 이들은 젊은 시절에 부딪쳤던 예술적 과제와 문제 의식, 즉 전통 회화를 어떻게 변모시키면서 살릴 수 있을 것인가라는 숙제를 다시 떠안은 것이었다. 그러니까 청전, 소정, 고암의 성취는 1950년대 중반 이후에 이루어졌지만 그 과제 자체는 1920년대, 1930년대적인 것이었다. 한 시대에 주어진 예술적 과제를 작가들이 적절히 대응하지 못할 경우 얼마나 긴 세월을 기다려야 하는가를 보여 주는 교훈이 여기에 담겨 있다. 30년이 지나서야 그 성과의 일단을 보았으니 말이다.

빈칸을 메울 나의 얘기 2 ● 좀 더 이 얘기를 계속하자면, 청전과 소정은 1950년대 중반부터 찾기 시작한 자기 양식과 개성을 1960년대 전반기에 최고의 경지까지 끌어올리고 그것을 고비로 곧 타성에 젖어 같은 형식을 되풀이해 그리며 일생을 마쳤다. ● 그러나 고암은 1960년대에 들어서기도 전에 파리로 훌쩍 떠나 버렸고 자신의 새로운 예술적 과제를 찾아 나섰던 셈이다. 따라서 고암에게는 청전과 소정 같은 만년의 매너리즘 현상이 나타나지 않았다. 그것은 부단히 창조 세계를 찾아가던 예술적 열정 덕분이었다. 그러나 1950년대 후반 고암이 보여 준 '사의에 의한 현대적 동양화'의 성과들이 과연 그가 보여 줄 수 있는 최고의 경지였는지는 얼른 판단이 되질 않는다. 더 높이 끌고 올라갈 수 있었는데 중도에 전화하고 만 것이 아니냐는 일말의 아쉬움이 없지 않다. 그러나 결과를 보자면 그는 이 작업으로써 일단 하나의 막을 내리고 새로운 과제로 돌입한 것이다. 이 점은 유화에서 수화 김환기의 예술적 전환과 아주 비슷하다. ● 파리에서 고암이 성취한 예술은 동양의 예술 정신을 서양의 물질 문명이 낳은 이른바 합리주의·개인주의 정신에 새롭게 불어 넣은 것으로 평가받는다. 마치 중국의 자우키(趙無極)가 파리에서 받은 평가와 마찬가지로. 이것을 한국 현대 미술사에서는 어떻게 말할 수 있을까? 국내 작가의 해외 활동이란 것이 한국 미술사의 한 장(章)으로 다루어져야 할 것인가 아니면 별도 장으로 떼어 놓아야 할 것인가 하는 문제가 나온다. 개인으로 인정받는 것과는 다른 문제인 것이다. 한국 미술사가 한국에서 창조된 미술적 성과와 행위를 기본 대상으로 삼는다면 고암의 파리 작업은 그것이 한국에서 발표되고 한국 화단과 사회에 감동을 주고 영향을 일으킨 문맥에서만 정확히 평가될 수 있다. 그런 범위 안에서 고암의 파리 이후 작업은 프랑스 현대 미술사와 한국 미술사 양쪽에 관계될 수 있을 것이다. 이 점은 백남준(白南準, 1932~2006년)의 예술적 성공에 대한 우려의 시선과 똑같은 것이다.

맺음말 ● 아직껏 그를 만나 본 일도, 전시회 한번 본 일 없는 필자가 고암을 이해하고 좋아하고 평가하는 입장은 이렇게 형성된 것이다. 따라서 좀 더 심도 있는 고암 이응노론은 나보다도 그와 그의 예술을 더 잘 아는 분, 그를 지켜보아 온 분이 써야 될 것이다. ● 84세 노령의 고암의 나이를 반으로 꺾어도 아직 차지 않는 필자 같은 사람도 그를 논할 수 있는 것이 또한 비평과 미술사의 세계이다. 이 글을 쓰면서 나의 머릿 속에 끊임없이 맴돈 비평적 또는 미술사적 질문이 하나 있다. 그것은 고암에게 묻고 싶은 한 부분이다. ● 그에게 동서 문화, 동서의 정신을 조화, 융합시키는 데 예술적 과제를 두면서 동도서기(東道西器), 서도동기(西道東器) 어느 쪽을 취했냐고 물으면 반드시 동도서기, 즉 동양과 한국을 몸체로 했다고 답할 것 같다. 그러나 내가 느끼기에 고암의 작업 중 1950년대 후반의 것은 동도서기의 입장이 분명하지만, 파리 이후는 오히려 서도동기로 바뀐 것 같은 인상을 받는데 그것이 꼭 나의 편견일 수만 있겠느냐는 질문이다. ● 1972년 오지호(吳之湖, 1905~1982년)가 유럽 여행 중에 고암을 만났을 때 "파리에 처음 온 자신보다도 불어를 할 줄 모르는 고암"을 보고 놀랐다고 하였다. 그처럼 모국어를 사랑하고, 붓을 쥘 때면 어린 시절에 뛰어놀던 고향 홍성(洪城)의 월산, 용봉산에 머물곤 한다는 고백을 익히 들어 알고 있지만 20여 년의 세월이 흐르는 가운데 점점 멀어져가는 흙내음을 고암 자신도 어쩔 수 없을 것인데, 그렇다면 서양을 몸체로 하여 동양을 입혀 가는 것 또한 자연스런 변화가 아니겠느냐는 질문인 것이다. ● 어느 것이 좋고 어느 것이 나쁘며, 어느 것이 옳고 어느 것이 그른가를 떠나서. ● 〔유홍준, 『다시 현실과 전통의 지평에서』, 창작과비평사, 1996년〕에서 재수록 ●

● 개관 준비 위원장 **유홍준**

고암 이응노 생가 기념관 개관 준비 위원회의 **유홍준** 위원장은 미술사학자이자 전 문화재청장입니다. 영남대학교 교수와 박물관장, 명지대학교 미술사학과 교수를 지냈습니다. 저서로는 『나의 문화유산답사기』, 『완당평전』, 『화인열전』 등이 있습니다.

'이응노의 집' 개관 일지 : 시작과 끝, 끝과 시작[주1] [윤후영]

이응노의 집, 만든 이야기
개관 일지 : 시작과 끝, 끝과 시작 [윤후영 | '이응노의 집' 고암 이응노 생가 기념관 전 학예사]

'역사'와 '기억되기' ● 홍성에 또 하나의 '역사'가 만들어지고 있습니다. 역사란 흔히 과거의 기록이며 현재와의 대화라고 합니다. 그렇다고 한다면 그 기록과 대화는 사실이어야 합니다. 하지만 사람의 살림과 관계하여 일어나는 일이, 더군다나 진·선·미를 추구하는 예술이라는 살림살이의 역사가 어찌 사실이라는 객관성의 테두리 안에서 설명될 수 있을까요. 개개인의 주관적 경험과 집단적 욕망의 지표가 고루 문화의 층위로 기억될 때 우리는 역사를 그나마 다층적으로 이해하게 됩니다. 따라서 역사는 우리 모두에게 '기억되기'가 될 것입니다. ● 고암 이응노의 생가기념관이 생긴다는 것은 어쩌면 홍성만이 아닌 세계의 기록입니다. 곧 '세계에 기억되기'입니다. 이를 통해 우리는 한 장소의 의미를 되새기게 됩니다. 이응노가 우주의 어느 한 지점에서—홀씨가 땅으로부터 잉태된 그 장소—, 곧 태어나 성장한 곳의 시원성(originality)에 주목하며 의미를 부여하는 것입니다. 이것이 사실이 시작되는 지점이며, 역사화의 출발입니다. 사실이라는 것을 한 사람 한 사람의 기억에 묶어 두어 그 개인의 소멸과 함께 소실되는 것이 아니라 역사의 흐름에 부합시키는 것입니다. 이응노 생가 기념관의 의미는 집단의 기억을 생성하여 미래의 삶으로 이어가고자 함이며, 고암이 한 작가로서 세계-내-존재(In-der-welt-sein)였고 그가 이룩한 삶과 예술의 재생성, 영원성으로의 지향이 현재의 우리와 맞닿아 있음을 되새기는 것입니다. 이것은 인간의 오래된 꿈, 자연의 항상성을 닮고자 하는 행위이며 그 사이사이에 예술이 들어 차 있음을 우리는 함께 발견하게 됩니다. 그것의 의미 있는 전갈(message)을 기록(memo)하여 아름다운 박물관(museum)을 만들고 기념(memorial)함으로써 생과 예술의 진정성을 영원히 함께하고자 하는 것입니다.

이응노의 역사 ● 그가 100여 년(107년)만에 돌아왔습니다. 그가 태어나 자란 곳, 고향으로. 월산—음성(陰性)과 용봉산—양성(陽性) 사이에서, 타고난 창조력으로 미술에 조화를 부리던 한 소년이 큰 별이 되어 현재와 미래를 비추고자 돌아왔습니다. 밭일을 하며 그을린 피부와 모래밭 그리고 손에 잡히는 모든 것이 조형 재료였던 드넓은 아카데미 그 곳으로 돌아와 시간과 공간을 넓혀 이어 주고 있습니다. ● 길이 끝나는 곳에서 길은 다시 시작된다는 용기와 격려의 시(詩)[주2]가 있습니다. 시작되어 머물고, 멈추어서 끝난 곳에서 그치지 않고 다시 이어 나갈 때 또 다른 희망이 시작된다는 능동적 시선이 내포되어 있습니다. 우리는 그 동선 한가운데에서 움직임—에너지로 존재합니다. 이 에너지들이 긴 시간 함께 했습니다. 그 단편의 사실을 기록하고자 합니다. 역사화는 여럿이 함께 하는 행위이며 이것은 사실을 다층적으로 이해하는 기반입니다. ● 화가 이응노는 1904년에 태어나 1989년에 돌아갔습니다. 생의 85년 동안, 3만 1천여 일을 살며 3만 점이 넘는 작품을 남겼습니다. 온 생이 작품으로 삼삼(森森, 빽빽)합니다. 작가라는 생의 숲속에서 들려오는 이런저런 두런거림은 모두 이 작품들이 숲을 이루는 가운데 일어나는 사건들이었고 그것

[주1] 〈끝과 시작〉 비스와바 쉼보르스카 : "모든 전쟁이 끝날 때마다 / 누군가는 청소를 해야만 하리. / 그럭저럭 정돈된 꼴을 갖추려면 / 뭐든 저절로 되는 법은 없으니. // 시체로 가득 찬 수레가 / 지나갈 수 있도록 / 누군가는 길가의 잔해들을 / 한옆으로 밀어내야 하리. // 누군가는 허우적대며 걸어가야 하리. / 소파의 스프링과 / 깨진 유리 조각, / 피 묻은 넝마 조각이 가득한 / 진흙과 잿더미를 헤치고. // 누군가는 벽을 지탱할 / 대들보를 운반하고, / 창에 유리를 끼우고 / 경첩에 문을 달아야 하리. // 사진에 근사하게 나오려면 / 많은 세월이 요구되는 법. / 모든 카메라는 이미 / 또 다른 전쟁터로 떠나 버렸건만. // 다리도 다시 놓고, / 역도 새로 지어야 하리. / 비록 닳아서 누더기가 될지언정 / 소매를 걷어붙이고. // 빗자루를 손에 든 누군가가 / 과거를 회상하면, / 가만히 듣고 있던 다른 누군가가 / 운 좋게도 멀쩡히 살아남은 머리를 / 열심히 끄덕인다. / 어느 틈에 주변에는 / 그 얘기를 지루히 여길 이들이 / 하나 둘씩 몰려들기 시작하고. // 아직도 누군가는 / 가시덤불 아래를 파헤쳐서 / 해묵어 녹슨 논쟁거리를 끄집어 내서는 / 쓰레기 더미로 가져간다. // 이곳에서 무슨 일이 일어났는지 / 분명히 알고 있는 사람들은 / 이제 서서히 이 자리를 양보해야만 하리. / 아주 조금밖에 알지 못하는, / 결국엔 전혀 아무것도 모르는 이들에게. // 원인과 결과가 고루 덮인 / 이 풀밭 위에서 / 누군가는 자리 깔고 벌렁 드러누워 / 이삭을 입에 문 채 / 물끄러미 구름을 바라보아야만 하리." (비스와바 쉼보르스카, 『끝과 시작』, 문학과 지성사, 2007년.)

[주2] "길이 끝나는 곳에서 길은 다시 시작되고" (백창우, 『길이 끝나는 곳에서 길은 다시 시작되고』, 신어림, 1996년.)

은 '이야기(storytelling, 구연)'를 위한 필연이었습니다. 이제 그가 만들어 놓은 작품의 숲에서 조용히 사색하며 연구하고 기쁘게 산책할 때입니다. '이응노의 역사―Leestory'가 이어지는 것입니다.

'이응노의 집' 개관 일지 ● 고암이 다시 이 자리에 오기까지 지난 몇 해 동안의 궤적이 있습니다. 고암의 예술을 사랑하는 연구자, 건축가, 애호가, 지역 예술인과 공무원 등, 고암의 흔적을 소중히 간직하며 다시 빛날 수 있기를 염원한 많은 사람들의 노력은 기록된 일지에 고스란히 담겨 있습니다. 그 노정은 아래와 같습니다.

- 2004. 06. 05. : 고암 탄생 100주년 기념, 고암 이응노 화백 생가 복원 및 기념관 건립 학술 심포지엄 개최(홍성 미술협회, 홍성군 대강당)
- 2005. 04. 13. : 미망인 박인경 여사 방문 ― 작품 전시 협의, 생가 기념관 건립 자문
- 2005. 06. 20. : 생가 복원 및 기념관 건립 기본 계획 수립
- 2006·2007 : 토지 매입
- 2008. 05. 13. : 기념관 설계 경기 공모 공고
- 2008. 07. 18. : 공모작 심사 및 당선작 발표 ― 건축 분야 (주)건축사사무소 조성용도시건축, 전시 분야 (주)안건
- 2008. 08. 26 : 기념관 건립 계획 및 실시 설계 용역 계약 체결
- 2008. 09. 19. : 미망인 박인경 여사 면담 ― 기념관 건립 사업 추진 상황 설명 및 업무 협의
- 2008. 11. 06. : 건립 계획 및 실시 설계 중간 보고
- 2008. 11. 15. : 문화 관광 과장 등 프랑스 파리 방문, 미망인 박인경 여사, 설계 방향 설명 및 의견 청취
- 2008. 12. 31. : 사업 대상지 추가 토지 매입
- 2009. 02. 27. : 사업 대상지 환경성 사전 검토 용역
- 2009. 03. 11. : 건립 계획 및 실시 설계 최종 보고회
- 2009. 06. 07. : 기념관 건축, 토목 등 공사 착공 ― (주)덕청건설
- 2009. 08. 21. : '묵기회' 회원 및 미망인 박인경 여사 고암 생가지 방문
- 2009. 12. 09. : 이응노 '생가' 공사 준공
- 2010. 05. 25. : 홍성군과 유족 대표 이종진 양해 각서 체결
- 2010. 08. 12. : 건축, 전기, 통신, 소방 공사 준공 : 전시 공사 재검토
- 2010. 10. 06. : 개관 준비 운영 위원회 구성 ― 조성룡, 유홍준, 이태호, 안상수, 김민수, 김호석, 김학량 등 ― 개관 준비 운영 위원장 유홍준
- 2010. 10. 29. : 개관 준비 운영 위원회 1회차 ― 기념관 명칭, 성격, 개관 방향 자문
- 2010. 11. 02. : 미망인 박인경 여사 면담
- 2010. 11. 18. : 미망인 박인경 여사 1차 작품 기증
- 2010. 12. 20. : 개관 준비 운영 위원회 2회차 : 유족 작품 평가 구입 1차, 전시 기본 계획 연구 ― 김학량
- 2010. 12. 28. : 유족 대표 손자 이종진과 손녀 이경인

개관 일지 : 시작과 끝, 끝과 시작 (윤후영 | '이응노의 집' 전 학예사)

유·작품 1차 기증
- 2011. 01. 12. : 이응노 생가 기념관 학예사 채용
- 2011. 01. 17. : 개관 준비 전시팀 회의 1회차, 개관 전시 기본 구상 — 연구 김학량 교수 : 준비 작업을 이끄는 철학, 전시 개념, 전시 조직 및 제작 관련 기본 방향, 공간 범주별 배치의 서사, 장소별·실별 전시물 배치 계획, 전시물 목록, 인쇄물 제작 계획
- 2011. 01. 19. : 개관 준비 전시팀 회의 2회차 : 개관 전시 및 세부 협의 — 기본 연구물을 바탕으로 디자인, 도록, 사인 등 협의
- 2011. 02. 08. : 개관 준비 운영 위원회 3회차 — 개관 전시 기본 구상 조정, 보충 작품 구입 계획, 공모, 기증
- 2011. 02. 25. : 작품 공개 모집 마감
- 2011. 02. 28. : 개관 준비 운영 위원회 4회차 — 공모작 서류 1차 심사, 작품 기증 시작
- 2011. 03. 18. : 개관 준비 운영 위원회 5회차 — 공모작 본작 2차 심사, 유족 작품 2차 평가, 미망인 홍성 방문
- 2011. 03. 25. : 개관 준비 전시팀 회의 3회차 — 건축, 시설, 전시 디자인 연구
- 2011. 04. 06. : 개관 준비 전시팀 회의 4회차 — 건축, 시설, 전시 디자인 수정
- 2011. 04. 11. : 유족 대표 손자 이종진과 손녀 이경인 유·작품 2차 기증
- 2011. 04. 12. : 역사 문화 시설 관리 사업소 개소 — 기념관 업무 이관
- 2011. 05. 06. : 역사 문화 시설 관리 사업소, 홍주성 역사관 개관
- 2011. 05. 24. : 건축 시설, 조경 등 보완 정비 협의
- 2011. 06. 08. : 개관 준비 운영위원회 6회차 — 개관 전시 작품 시뮬레이션, 미망인 박인경 여사 소장품 운송, 작품 기증 확대, 전시 설계 변경안 확정, 기타 기증자 확대
- 2011. 06. 21. : 고암 이응노 생가 기념관 관리 운영 조례 심의
- 2011. 06. 23. : 미망인 박인경 여사 기증 작품 도착
- 2011. 07. 08. : 개관 준비 전시팀 회의 5회차 — 로고, 사인, 액자, 조명, 집기, 가구 등 세부 디자인 협의, 공사 일정 조율
- 2011. 07. 15. : 고암 이응노 생가 기념관 관리 운영 조례 제정, 전시 설계 변경 설명회
- 2011. 07. 21. : 개관 준비 운영 위원회 7회차 — 명예 관장 추천, 개관일, 세부 사항 확정
- 2011. 08. 17. : 개관 기념 책자 제작 협의
- 2011. 08. 24. : 명예 관장 위촉 — 이태호
- 2011. 09. 01. : 2012년 운영 계획
- 2011. 09. 06. : 개관 기념 책자 제작 계획 검토 수정
- 2011. 09. 17. : 작품 촬영 2차, 건축 촬영 3차
- 2011. 09. 23. : 액자 디자인, 제작
- 2011. 09. 26. : 전시 공사 재개
- 2011. 10. 04. : 기증 작품 수증 완료, 촬영 완료
- 2011. 10. 10. : 개관 준비 전시팀 회의 6회차 — 도록, 디

스플레이, 사인, 개관식 점검 회의
- 2011. 10. 12. : 개관식 계획
- 2011. 10. 15. : 전시 공사 점검 — 시설, 그래픽, 사인, 조명, 가구 등 점검 보완
- 2011. 10. 25. : 인쇄물 제작 완료, 전시 공사 완료, 액자 제작 완료
- 2011. 10. 26. : 유·작품 디스플레이
- 2011. 10. 28. : 초대장 발송
- 2011. 10. 30. : 최종 촬영
- 2011. 11. 01. : 디스플레이 완료
- 2011. 11. 05. : 운영 위원 프리뷰
- 2011. 11. 07. : 개막식 준비
- 2011. 11. 08. : 개관

'이응노의 집'의 희망 ● '이응노의 집' 대문이 활짝 열렸습니다. 잔칫날입니다. 그리고 마침내 개막식은 끝이 납니다. 우리는 이 끝에서 또 다시 새로운 시작을 합니다. 엔딩 자막 이후를 상상합니다. 그 상상은 유행하는 종합 계획(master plan)도 한 개인의 로드맵(road map)도 아닐 것입니다. 폐쇄적이고 배타적인 지역주의로 함몰되지도 말아야 합니다. 고암을 왜 기억하고 무엇을 후세에 전달하며 어떻게 기념해야 하는지를 계속하여 질문하지 않으면 잔치는 오래지 않아 의미가 없어질 것입니다. 고암이 진정 바라며 추구하였던 그 세계를 또 다시 열어 소통해야 합니다. 민족의 통일과 평화를 염원하며 작품으로써 자유와 용기를 실천하고 홀로 당당하게 온 생을 다한 고암의 세계를 이해하고 그 역사를 이어가야 할 것입니다. 기념관은 그를 위해 몇 가지 기본이 되는 기능과 몫을 수행해야 합니다. 그 가운데 하나는 사람의 삶 곧 살림이, 예술적 살림살이가 되도록 창조적 상상과 이미지를 그려갈 수 있는 장을 마련하는 것입니다. 이를 위해 다양한 논의와 실천, 훌륭한 전문가와 스승들이 필요합니다. 생산적 담론으로 미래 세대를 위한 미덕이 자라나는 공간을 함께 꿈꾸었으면 합니다. 그래서 몇 가지 형식을 만들어 봅니다.

● 이응노의 집 — 기념관
- 정태적 상설 기념관과 동태적 기획 미술관 융합
- 보편적 인문과 차이의 지역 문화 생성
- 대안적 미래형의 예술 기념관
● 운영 목적 : 고암의 삶과 예술 세계를 선양
　　　　　　지역 문화 향상
● 운영 목표 : 대안적, 생태주의적, 미래형 기념관
　　　　　　생활과 예술의 융합과 소통
● 운영 방향 : 교육과 전시의 연계
　　　　　　창작과 생활의 연계

운영 비전과 기대 효과 ● 고암의 예술 세계는 하나의 형식과 방법에 구애받지 않았습니다. 그 자신 한국인이라는 동양적 정체성을 중심으로 서양의 현대적 양식을 결합하였습니다. 이로써 새로운 작품 세계를 끊임없이 추구하여 독자적인 세계를 이루었습니다. 그 부단한 과정에서 이해의 핵

이응노의 집, 만든 이야기
개관 일지 : 시작과 끝, 끝과 시작 〔윤후영 | '이응노의 집' 전 학예사〕

심어는 끊임없는 도전과 실험의 정신으로써 『주역(周易)』에서 말하는 생성과 소멸 즉, '변화'의 궤적이라 할 수 있습니다. 따라서 진부한 상설 전시와 고답적이고 정체된 박물관 형태의 기념관을 지양하고, 창작과 참여 그리고 활발한 연구와 기획을 통한 살아 있는 미술관을 지향해야 합니다. 하나의 장르와 형식, 방법에 얽매여 자유로운 미적 감각을 지적으로 일반화하는 폐단에서 벗어나 과거와 현재 미래를 잇고 아우르는, 소통하는 전시 기획이 진행되어야 합니다. 따라서 파리, 대전, 홍성이 각각의 특성에 따라 기대 효과 또한 차이가 있어야 할 것입니다.

- 파리 — 〔고암서방〕 = 교류, 창작, 작가, 국제
- 대전 — 〔이응노미술관〕 = 전시, 학술, 연구, 전문
- 홍성 — 〔생가 기념관〕 = 교육, 인문, 미래, 지역

부문별 운영 방향 ● 교육 : 자연 환경과 예술을 함께 체험할 수 있는 공간의 특성을 활용한 통합적 미술 교육 프로그램을 제공하며 미래 세대의 고암을 낳을 수 있는 미술관을 운영하고자 합니다. 또한 예술뿐 아니라 건축, 환경, 역사 등 장르를 아우르는 성인 대상 특별 강좌도 준비합니다. ● **전시** : 소장품을 바탕으로 고암의 예술 세계를 소개하는 상설전뿐만 아니라 주제로 묶는 특별전, 홍성의 다양한 문화 인프라를 연계하는 기획전을 준비합니다. ● **창작** : 고암미술상을 제정하고 이론, 실기, 기획 분야로 나누어 운영하여 고암의 작품 세계 연구에 깊이를 더하고 신진 작가를 발굴하며 참신한 기획력을 후원하겠습니다. 또한 유소년 미술 실기 대회를 개최하고자 합니다. ● **참여** : '이응노의 집'의 참여 프로그램은 교육 프로그램에 한정되지 않습니다. 지역 예술 애호가들의 도슨트 및 자원 봉사 프로그램을 활성화하여 누구나 고암 선생의 예술 세계를 방문객들에게 알려 줄 수 있는 미래를 꿈꿉니다.

'이응노의 집'의 미래 ● 홍성은 생가지라는 고유의 성격을 지니고 있습니다. 이는 고암이 꿈꾸고 펼쳐 보였던 예술의 시원(originality)을 의미합니다. 그에 걸맞게 이 기념관은 제2, 제3의 고암을 잉태하는 곳이 되었으면 합니다. 교육과 전시를 비롯한 다양한 행사를 통해 미래 세대의 무한한 잠재성을 발굴하고 미술을 사랑하는 많은 이들의 참여를 유도하는 것입니다. 이로써 '이응노의 집'은 창조의 시대가 요구하는 예술 인재를 키우고, 미래의 잠재적 수요를 창출하면서 나름의 위상을 갖게 될 것이라 기대합니다. 시작은 미약할지라도 이것이 '위대한 평범의 미학'이라 생각합니다. 고암이 말년에 제작한 〈군상〉 시리즈의 그 미학처럼. ●

● '이응노의 집' 고암 이응노 생가 기념관 전 학예사 **윤후영**

학예사 **윤후영**은 대학에서 미술을 전공하고 작가로서 여러 차례 개인전을 열었습니다. 2000년부터 롯데화랑, 대전시립미술관 학예사, 스페이스 ㅅㅅㅅ] 대표 등 대전 충남 지역의 미술 현장에서 활동했습니다. 2011년 이응노의 집 고암 이응노 생가 기념관 개관 때부터 학예사로 재직하며 10년 동안 홍천마을 속에 미술관이 뿌리내리는 데 큰 힘을 쏟았습니다. 2019년 충청남도로 자리를 옮겨 도립 미술관 건립을 준비하고 있습니다.

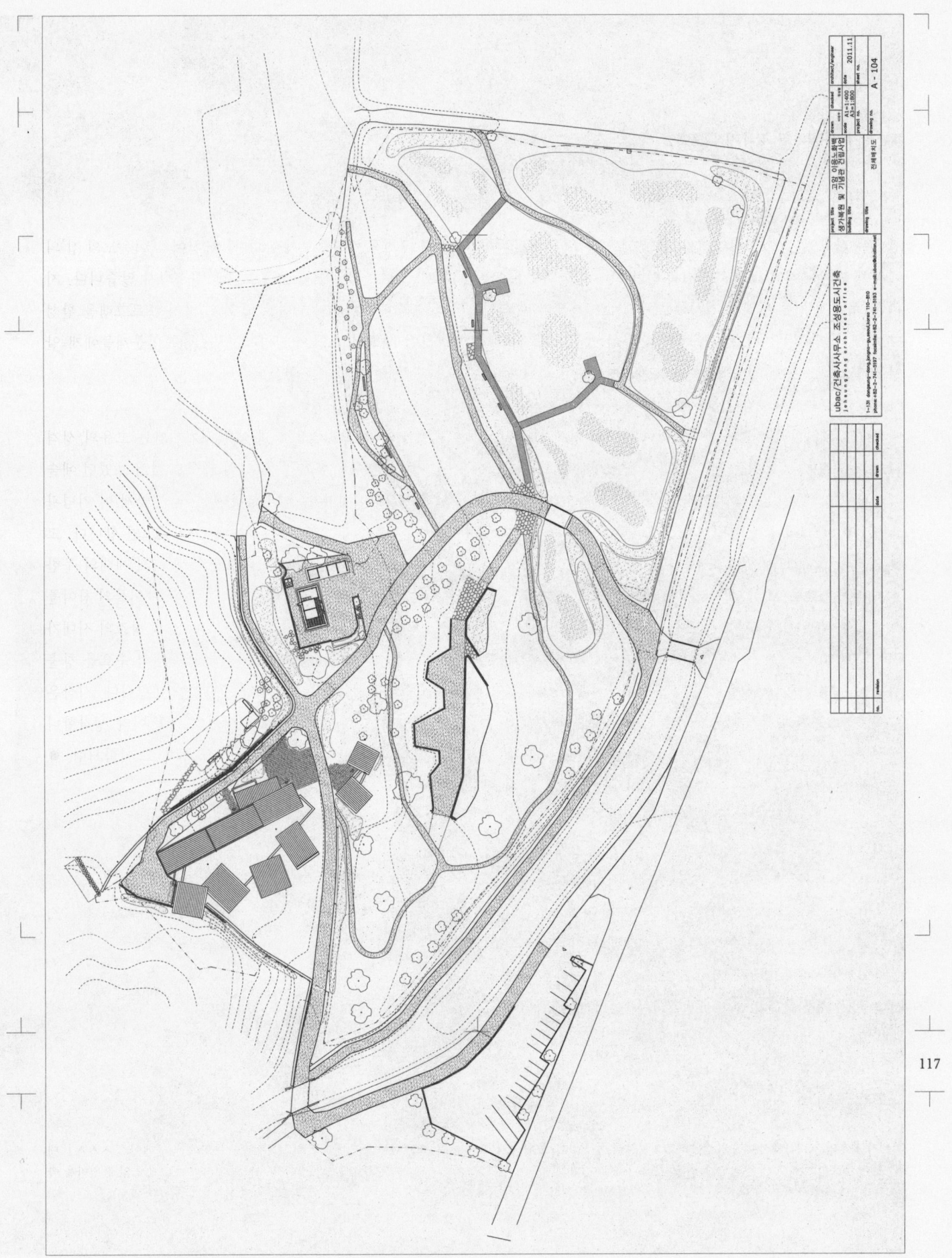

개관 시점 이응노의 집 대지 배치 상세 도면, 2011년. (2017년에 개조한 축사와 이전해 온 한옥에 창작 스튜디오가 증축되었다.)

뒤편 대숲 사이로 보이는 기념관과 북카페, 마을, 그리고 건너편 용봉산.

La Maison de Lee Ungno, l'histoire de son architecture | La Maison de Lee Ungno et l'architecture dans le paysage
L'esprit artistique de Lee Ungno repose tel une strate à Hongseong. J'aurais voulu faire ressurgir son âme à la surface de la terre. ● Nous arrivons à la maison de Lee Ungno en passant par les ponts et les chemins franchis matin et soir par les villageois. Discrète, elle cherche à s'effacer parmi le décor du paysage. Le long des champs de lotus et des talus, nous suivons les sentiers sinueux dessinés des vieilles cartes. ● La maison de l'artiste a été reconstituée d'après ses nombreux dessins et peintures. La maison qu'il y représente est celle de tous les coréens, celle que chacun avons dans notre cœur. ● Un hall central relie les quatre salles d'exposition qui longent la colline. Les ouvertures laissent rentrer et repartir la lumière du soleil et les scènes du paysage. Autour de la maison, l'ocre de la terre brille et apaise. L'énergie et le dynamisme de l'intérieur cherchent l'équilibre avec cet univers extérieur. ● Telle une métaphore de la vie qu'il a parcouru, le chemin qui nous mène chez Lee Ungno est avant tout le témoin de l'histoire moderne tourmentée. L'esprit du visiteur rencontrera celui de l'artiste et créera peut-être une autre strate d'art et d'histoire sur cette terre. — Joh Sung Yong, 2011

이응노의 집, 집 이야기

이응노의 집과 풍경의 건축

고암 이응노 선생이 태어나고 자란 홍성 땅에는 고암의 예술혼이라는 켜가 잠재해 있습니다. 선생의 생가 터에 이응노의 집을 새로이 지으면서, 이 땅에 깃든 그 켜를 찾아 드러내고자 했습니다. ● 이 마을 쌍바위골 사람들이 아침저녁 지나다니는 다리를 건너 시골길 따라 이 집에 이르게 됩니다. 숲자락에 은근히 가리운 건물은 농촌 풍경에 그저 어우러지기를 바랍니다. 오래된 지도에 나온대로 구불구불 되돌려 놓은 길을 따라 연밭과 밭두렁을 거닐 수도 있습니다. 선생의 고향집 그림대로 지은 초가 곁으로 대숲과 채마밭도, 원래 그렇게 있었던 듯 되살렸습니다. 고암 선생이 늘 보던 그 고향 풍경을 다시 보고 싶었습니다. 그 풍경은, 우리 한국인이라면 누구나 마음에 담고 있는 고향 풍경이기도 합니다. ● 전시 공간은 완만한 산기슭을 따라 긴 홀에 서로 다른 네 개의 전시실이 이어진 모양입니다. 전시실 사이사이 열린 틈으로 햇빛과 풍경이 드나들며 종일 홀에 결을 드리웁니다. 기념관의 외관은 황토결이 부드럽지만, 안쪽 홀에서는 사뭇 긴장감이 느껴져 대비를 이룹니다. ● 이응노의 집에 이르는 길은 예술로 난 길이기 이전에, 우리가 잊어서는 안 되는 근현대사의 질곡 위에 난 길이자, 그 속에서 우리가 모르는 사이 굴절된 삶을 살았던 한 사람을 만나러 가는 길입니다. 고암 이응노 선생이 그리던 고향 마을, 고암 선생이 걸어갔던 이 길을 걸어오고 지나갈 여러분의 마음들이 어우러져, 새로운 예술의 켜, 새로운 역사의 켜가 이 땅에서 다시 펼쳐지기를 바랍니다. — 조성룡, 2011년.

↑**입구 로비에 교차하는 빛과 조성룡.** 이응노의 집을 설계한 **조성룡**은 조성용도시건축 대표이자 성균관대학교 석좌 초빙 교수로 있습니다. 대표작으로는 아시아선수촌아파트(서울시건축상), 광주 의재미술관(한국건축문화대상), 선유도공원(김수근문화상), 서울올림픽공원 SOMA 미술관 등이 있습니다.

용봉산과 월산 사이에 자리잡은 이응노의 집 앞으로 용봉산에서 흘러내려온 물이 내(川)가 되어 흐른다.

백월산　　　홍동산

이응노의 집

용봉천　용봉산

123

전시실의 전면벽은 땅이 그대로 이어진 듯 황토가 켜켜이 자연스런 결을 이루고, 전시실 사이사이 난 창과 만나는 안쪽 벽으로 햇빛과 바람이 결을 드리운다.

무심한 듯한 벽, 무심한 듯한 지붕 위로 무심한 듯 뜬 낮달. 그러나 어느 하나 감히 무심하지 않은, 우주의 풍경.

이응노의 집 — 문화 문명의 교차점 [김원식]

이응노의 집은 마을 사람들이 노상 오가는 농로를 따라 들어서게 된다.
그 길 나무 아래 창가에는 반가운 얼굴이 한가하게 앉아 있을 법한 시골길이다.

이응노의 집 — 문화 문명의 교차점 (김원식 글) | 하나 **홍성과 '이응노의 집'** '이응노의 집'은 그가 탄생하고 유년을 보냈다는 충남 홍성군 홍북면 중계리의 낮은 산자락 끝에 자리잡고 있다. 새로 지은 이응노가 태어나고 살던 집은 홍성읍에서 북서쪽으로 4킬로미터 지점, 주산(主山)인 용봉산 정상에서 약 3킬로미터 떨어진 지점에 위치하는데, 주변의 산을 중심으로 살펴보면 용봉산과 오서산이 이루는 거의 정남북 방향의 축을 약간 벗어난 서쪽, 백월산과 철마산이 이루는 정동서 방향의 축으로부터 약간 벗어난 북쪽에 위치한다. '이응노의 집'에서 약간 동쪽으로 치우친 북쪽으로 홍성의 주산인 용봉산, 멀리 그와 비슷한 각도로 서쪽으로 치우친 북쪽 5킬로미터 지점에는—그 남쪽 자락에 수덕사가 있는—덕숭산, 가까운 남쪽으로는 월산이라고도 불리

는 백월산이 자리잡고 있다. ☯ '이응노의 집'은 대지 면적 2만 596제곱미터, 건축 면적 1,002제곱미터로 전시 홀, 북 카페, 다목적실 등 전시 시설을 중심으로 하는 공간과 초가, 야외 전시장, 연밭, 산책로 등을 갖춘 기념관이자 미술관이다. 이응노 개인을 기리고자 마련된 이 기념 시설은 그가 미술가였기에 기능면에서 전시와 수장 공간이 반드시 필요한 미술관의 성격이 한층 더 강하다. 이런 의미에서 '이응노의 집'은 기념관은 물론, 미술관의 측면에서 살펴보아야 할 것이다.

기념관의 동쪽 벽. 면, 선.

🌐 이응노의 집 — 문화 문명의 교차점 (김원식 글) | 둘 | **우리 시대의 미술관과 기념관** 🌐 전통적으로 우리 나라에서는 각(閣), 전(殿), 루(樓) 등 다양한 종류와 형식의 건축물로써 인물이나 사상, 사건 등을 기리고 경우에 따라 비(碑), 현판(懸板) 등을 장치하거나 보호하는 건축이 상당히 발달해 왔다. 그러나 물체, 즉 예술적 성격을 지닌 것, 혹은 기념이 될 만한 오브제를 체계적으로 수장, 보관하는 미술관이나 박물관 등은 서양에 비하여 일반적으로 덜, 그리고 늦게 발달하였다. 🌐 미술관, 박물관의 기원은 가깝게는 이탈리아의 르네상스 시대, 멀리는 로마와 고대 그리스 시대까지 거슬러 올라가는, 서양에서 시작된 것으로 보는 것이 일반적인 시각이다. 하지만 서양에서도 '미술관'이 등장한 것은 18세기 말 프랑스 혁명 이후, 좀 더 정확하게 오늘날 우리가

떠올리는 현대적인 의미의 '미술관'이 세워지기 시작한 연대는 19세기로 보는 것이 타당하다. ☯ 그러므로 미술관의 역사는 비교적 짧다 하겠지만 시대와 사회에 따라 성격과 구실이 현저히 상이하게 발달했다. 초기에 왕과 왕족, 부유한 고위 성직자를 중심으로 예술품의 보관과 운영이 폐쇄적으로 이루어지던 미술관은 현대에 들어와 대중에게 개방되기 시작했으나 대개 국가, 민족, 체제의 자긍심, 우월감 등과 연결된 과시의 도구나 편협한 이데올로기의 전시장으로 전락되곤 했다. 바람직한 미술관의 모습은 1, 2차 세계 대전을 겪은 후에야 비로소 등장하게 되었는데 짧은 시간 내에 다양한 실험적 운영과 개선을 거치며 많은 발전을 이루었다. 근래의 미술관, 기념관은 전시, 수장의 기능에만 그치는 것이 아니라 교육의 기능은 물론이고 사용자

울퉁불퉁한 흙길, 황토를 쌓아 다진 벽은 예로부터 농촌에 있던 것들에서 다시 살렸다. 2011년 여름, 늦은 오후.

가 예견되지 않은 사건과 행사, 그리고 그에 직접 참여하며 행위도 펼칠 수 있는 이른바 이벤트 장소로 여겨지기도 한다. 우리에게 중요한 점을 시사해 줄 수 있는 20세기 중후반 이후의 세계적이고 역사에 남을 만한 미술관, 전시관을 꼽는다면 프랭크 로이드 라이트(Frank Lloyd Wright, 1867~1959년)의 뉴욕 소재 구겐하임 미술관, 이오밍 페이(Ieoh Ming Pei)의 워싱턴 소재 내셔널 뮤지엄, 근래에 건립된 프랭크 게리(Frank Gehry)의 에스파냐 빌바오 소재 구겐하임 미술관 등을 들 수 있다. 이 건축물들은 공간의 연출, 조소성(彫塑性), 문화·역사적 기념비성 등 여러 면에서 빼어나 그 자체가 관광의 대상이 되기도 한다. 빌바오의 구겐하임 미술관은 문화뿐만 아니라 경제, 사회적으로 성공한 예로 홍성군민과 '이응노의 집'의 경영 주체가

참고할 만한 사례들을 지니고 있다. ◉ 그러나 이 미술관들이 지닌 공통의 문제는 압도하는 장관(壯觀)과 공간을 연출함으로써 더할 나위 없이 빼어난 건축물이 되었지만 보는 이의 관심이 건축물에 쏠리게 되면서 전시물이 상대적으로 왜소하고 초라하게 느껴져 전시 공간으로 적합하지 않다는 점이다. 그 결과 기능면에서 훌륭한 전시 건축물에 관한 논의가 꾸준히 이어졌으며, 몇 가지 시각들이—적어도 건축계 내에서는—어느 정도 공감대를 이루게 되었다. 그러나 실제로 이러한 공감대와 시각은 대부분 건축가, 건물 의뢰인, 그리고 안목을 충분히 갖추지 못한 대중들의 욕망 때문에 쉽사리 허물어지곤 한다. 위대하고 장대하며 기념비적인 건축물을 만들고 싶어 하는 건축가를 비롯한 사람들의 욕심은 예술품, 기념물 등을 우선으로 고려하

| 위 | 어둡고 긴장감을 자아내기도 하는 기념관 입구 안쪽. | 왼쪽 | 기념관 내부 1층 로비는 용봉산까지 펼쳐진 풍경을 가득 담는다. 소년 고암이 보았고, 그에게 큰 세상을 품게 만들어 주었던 풍경도 그 산세와 들판만은 지금과 크게 다르지 않았을 것이다.

기보다는 건축물을 한껏 드러내고 강조하려 하기 때문에 건축물은 원래의 기능으로부터 벗어나고 주변의 맥락과도 전혀 관계없는, 건축가, 지역, 단체의 명성을 위한 도구가 되는 일이 비일비재하다. 이러한 관점에서 조성룡의 '이응노의 집'은 긍정적 논의를 적잖이 이끌어 낼 수 있는 흥미로운 대상이 된다.

제2전시실과 제3전시실 사이.

비탈을 만날 것이다.

🌏 이응노의 집 — 문화 문명의 교차점 (김원식 글) | 셋 | **조성룡의 건축 세계** 🌏 조성룡은 건축가로서 다양한 양상의 건축 작품을 창조해 내고 있는데, 그 건축 세계의 여러 특징 중 대표적으로 꼽을 수 있는 하나는 필요시 의도적으로, 그리고 노련하게 자신과 건축물을 과도히 강조하지 않는 것이다. 드러내지 않으려는 듯 느껴지는 소박한 외양과 배치, 건물이 들어설 터가 지닌 기존 지형의 적절한 적용, 또는 그 자신이 건축물 안팎에 인공적으로 지형을 조성하면서 연출해 내는 무리 없는 이동 경로는 유연하고 자연스런 공간의 시나리오를 만들어 내곤 한다. 그는 기존의 구조물이나 건축물, 자연, 환경 등을 충분히 고려하여 그 안에 자신의 건축물을 삽입하는 데 뛰어난 기질을 보여 주는데, 소마미술관, 선유도공원, 서울 어린이대공원 내 '꿈마루' 등은 각기 독

빛과 어두움이 함께 있는 전시홀에 네 개의 전시실이 이어진다.

특한 성격을 지닌 색다른 장르의 건축물, 혹은 축조물로서 앞서 말한 특징이 잘 나타나 있다. ☯ 대지의 지형을 잘 이용하고 건물의 존재를 지나치게 강조하지 않는 동시에 부담없는 완만한 경사로 등으로써 분할된 전시실들을 관람객이 인지하지 못할 정도로 자연스레 순차적으로 유도하는 소마미술관, 폐기된 정수장에 자연을 도입함으로써 정수장의 자취를 보존하며 공원으로 탈바꿈시킨 선유도공원, 온갖 군더더기와 구조체를 제거함으로써 한층 더 뛰어난 공간성을 가진 건축물로 탈바꿈시키고, 건축가 자신과 그의 창조물은 자취도 없이 사라진 듯한 '꿈마루'에서의 윤리적 자세는 '이응노의 집'의 정신적 근간을 이룬다.

밖에서 황토벽 사이로 들여다보이는 전시홀 내부.

이응노의 집 — 문화 문명의 교차점 (김원식 글) | 넷 | **'이응노의 집'이 의미하는 것** 규모로 볼 때 중소 규모의 기념관이자 주로 개인의 작품을 소장하고 전시하는 '이응노의 집'은, 다양한 전시 기획 프로그램이나 시간의 경과에 따라 대두되는 전시 공간과 수장 공간 확장의 필요성 등의 압박이 낮은 편이다. 그 규모나 기능의 필요성이 비교적 크지는 않지만 문화적인 측면에서 생각할 때 결코 작은 비중을 갖는 것은 아니다. '이응노의 집'의 주된 목표는 사람들이 예술가로서 이응노의 세계, 그의 인격과 예술 세계를 형성하게 된 동기가 되는 아우라 전반을 최대한 이해하도록 돕고 지역 사회의 역사·문화와 어울려 시너지 효과를 낼 수 있는 건축물로 기능하도록 하는 것이다. 그러므로 '이응노의 집'은 단지 홍성에 국한되는 건물이 아니다. 게다가 이응

땅의 자연스런 경사를 따랐기 때문에 동일한 층인데도 높이 차이가 생긴다. 이 차이를 잇는 계단은 지하 수장고로 내려가는 계단과 이어지며 수직의 깊이감을 준다.

노는 홍성이나 한국만의 예술가가 아니다. 그 자신, 그의 삶이 과거와 현재, 동양과 서양을 아우름으로써 시공을 엮고 있다는 사실, 그리고 무엇보다도 시공을 초월하는 그의 예술적 힘을 생각할 때 '이응노의 집'은 홍성이라는 지역 사회는 물론, 자연스레 국제적인 스케일의 예술적 교감이 이뤄지는 장소로 계획될 수밖에 없었다. '이응노의 집'은 강한 역사성의 현장임을 증명하는 것, 그리고 문화 생산지로서의 맥을 미래에까지 이을 것을 전제하고 계획되어 과거와 현재, 동양과 서양을 잇는 시공간적 교두보의 몫을 자연스레 맡고 있는 것이다.

이응노의 집 — 문화 문명의 교차점 [김원식 글] | 다섯 | **하늘로 이어지는 축과 우주의 맥** ◐ '이응노의 집'에서 조성룡은 언급된 조건들을 건축물에 융축(絨縮)하여 소화해 내고 있다. 주건물동(主建物棟)이 앉혀진 삼각형 터는 부속동 및 초가와는 소로(小路)로써 분리된다. 평면상 '이응노의 집'에서 가장 강하고 주된 부분인, 그리고 디자인의 출발점이 되었을 로비와 기획 전시실은 정확하게 용봉산과 일월산을 연결하는 축(軸), 즉 북동—남서 방향 축에 배치되었다. 산을 중심으로 배치하는 수법은 숭산 사상(崇山思想), 주역(周易), 풍수(風水), 기(氣) 이론 등이 복합적으로 얽혀 적용되어 온 전통적인 방식으로 우주론을 근본으로 하는 정신적 배경에서 출발한다. '이응노의 집'은 일월산, 용봉산, 태백산맥, 백두산, 그리고 하늘로 이어지는 맥, 즉

| 위 | 밖에서 본 기념관 로비. 마주한 풍경이 내면을 향하도록 이끌어 주는 자리. | 오른쪽 | 기념관을 나서자, 부속동의 지붕이 용봉산 산세를 넘지 않으면서도 당당하다.

말단으로부터 시작하여 한반도의 기의 정점에 이르는 흐름을 염두에 둔 국토적인 스케일, 우주적인 스케일과 연관되고 있는 것이다. 건물 전체의 평면, 연지(蓮池)를 비롯한 대지와 조경 혹은 경관 등은 주동을 기준점으로 계획되었으며, 대지 안에서는 지형과 공간의 성격, 기능 등에 따른 위계와 연출을 파악할 수 있다.

이응노의 집 — 문화 문명의 교차점 (김원식 글) | 여섯 | **'코스모스케이핑(cosmoscaping)'으로서의 조경** 이런 맥락에서 서양의 개념인 '조경'이란 말을 우리의 문화와 아우러 재고하여 볼 필요가 있다. 조경은 독일어로 란트샤프트(Landschaft)라고 하는데, 이것은 땅이란 뜻의 '란트(Land)'와 창조 및 배열의 뜻을 지니는 '샤펜(schaffen)'이 합성된 조어다. 같은 게르만어권인 영어에서는 마찬가지 맥락으로 랜드스케이프 아키텍쳐(landscape architecture)라고 표현한다. 한편 라틴어 문화권인 이탈리아에서는 페사죠 아르키텍투랄레(pesaggio architecturale), 프랑스에서는 페이사주 아르쉬텍튀랄(paysage architectural)이라고 부르는데 문자 그대로 번역하면 '건축적 풍경'을 조성하는 것을 뜻한다. 이처럼 서양에서 조경이란 흔히 공원이나 정원을 조성하고

기념관의 각 전시실마다 서로 다른 경사와 방향의 지붕이 겹쳐진다. 마치 이 마을 집집이 지붕들이 겹쳐지고, 산세가 겹쳐지듯이.
이 곳에서 저 집까지, 오후의 대기 속에 투명한 가을이 풍성하다.

경영, 관리하는 것, 경관을 건축물로써 조성하는 행위 또는 건축물을 건축물로써 장식하고 강조하는 것을 지칭하므로 온 국토까지 대상으로 하는 우리의 시각으로 본다면 우리의 수법, 조성룡의 수법이 '랜드스케이핑(landscaping)'의 관념에 오히려 더 가깝고 서양의 수법은 가르텐샤프트(Gartenschaft : 정원—창조) 또는 가든스케이핑(gardenscaping)이라고 하는 것이 더 맞는 말일지도 모른다. 그에 더해 우리의 조경 방식, 그리고 조성룡의 조경 행위는 우주의 질서를 염두에 두는 까닭에 '코스모스케이핑(cosmoscaping)'이라고 불러도 무난할 것이다.

🔵 이응노의 집 — 문화 문명의 교차점 [김원식 글] | 일곱 | **공간과 빛: 카오스모스(chaosmos) & 바로크** 🔵 항간에서는 조성룡의 작품을 합리주의 성격으로 구분하는 것이 주된 시각인 듯하다. 이러한 판단은 조성룡 건축적 평면이나 입면 등에 드러나는 기하학적 형태에서 비롯되는 것 같은데, 상세히 살펴보면 이런 평가는 단순하고 미흡해 보인다. 🔵 '이응노의 집'에서 주동은 긴 직사각형의 상자다. 기획 전시실과 로비를 포함하는, 제1축(①)을 형성하는 장방형 평면, 그에 예각으로 만나며 전시홀과 제3전시실으로써 이루어지는 제2의 장방형 평면(②), 그리고 역시 주동에 예각으로 붙은 사무실과 화장실은 미약하게 돌출되지만 제3의 축(③)을 형성한다. 그러나 강한 축을 형성하는 주동을 제외하면 나머지 두 개의 축은 그 성격이 희석되어 건물의 공간 내

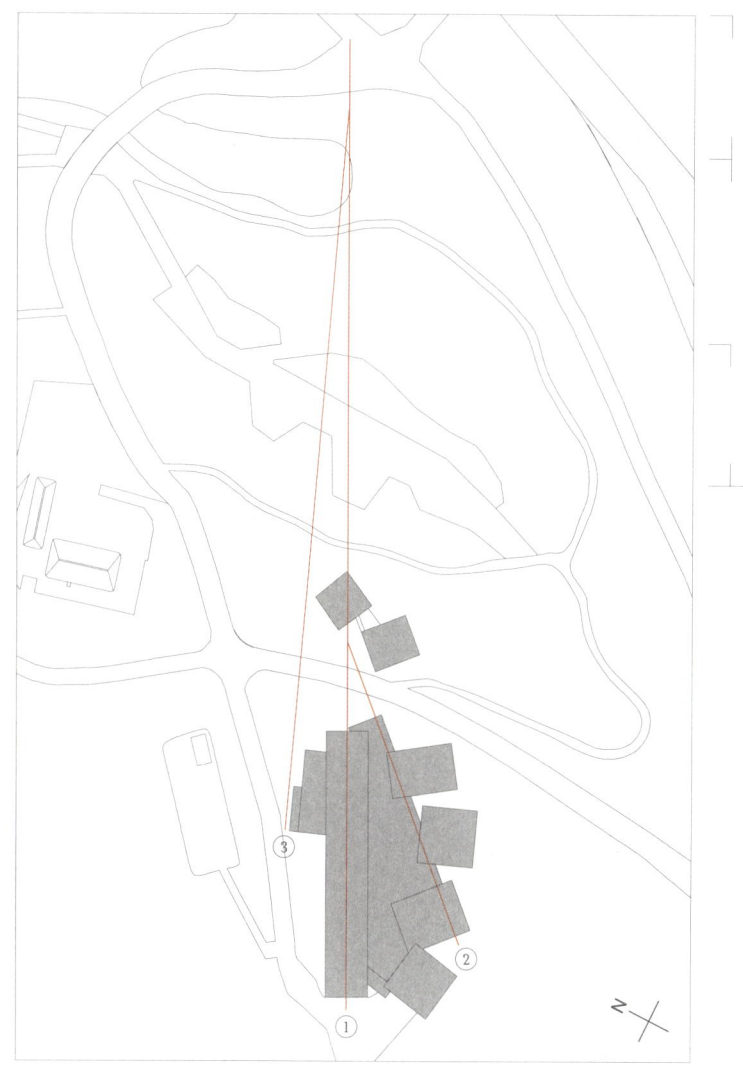

| 위 | **본문에 등장하는 세 개의 축.** | 오른쪽 | **이응노의 집은 크게 드러나지 않는 듯 풍경 속에 낮게 어우러지지만 전시실과 부속동의 상자들은 저마다 조금씩 다른 방향으로 자리잡아 보는 곳에서마다 다른 인상과 성격을 자아낸다.**

에서는 거의 의식하기가 어렵다. 제2의 축을 형성하는 공간의 외피는 모두 유리로 형성되었고 남쪽 단부에 놓인 4전시실은 주축을 이루는 부분과 만나 제2축 및 그 사이의 공간을 수용하여 거대한 내부 공간을 조성함으로써 단차를 제외하면 경계를 알아볼 수 없게 만들기 때문이다. 게다가 자의적으로 무질서하게 던져 놓은 듯한 1·2·4 전시실은 제2축선상의 3전시실과 주된 공간으로 기능한다. 그러므로 대전시홀은 사이 공간으로 변화되어 위계가 전도되고 만다. 창이 없어 폐쇄적인 소전시실들은 공간적으로 독립성이 강하며, 각 공간마다 개별 전시, 그리고 하나로 이어지는 순차적 전시 시나리오를 가능케 한다. 공간적으로는 전시실 배치 후 부수적으로 발생된 듯한 느낌을 주는—실제로는 그 반대이지만—중앙의 대전시홀은 약한 단차와

경사로 등을 두어 공간을 구획함과 아울러 유동적인 움직임을 유발하며, 자연 채광으로는 소전시실 사이의 틈으로 인입되는 빛만이 존재한다. ◐ '이응노의 집'에서 빛의 연출은 우리 고유의 것이라기보다는 다분히 서구적인 특징이 두드러진다. 로마 시대의 판테온 등에서 찾아볼 수 있듯이 폐쇄적인 공간에 대체로 상대적으로 규모가 작은, 아주 정교하게 위치가 계산된 개구부를 통해 빛을 끌어들인 연출 수법은 정전적(正典的)인 전통의 하나다. 그러나 개구부의 위치, 그리고 그에 따른 빛의 방향과 성상(性狀)을 살펴보면 조성룡의 의도와 연출 효과에는 로마의 판테온에서처럼 정전적인 고전주의 방법보다는 의외와 우연성, 드라마틱한 연출이 개입되어 바로크적인 성격이 강하게 드러난다. 수직으로 뚫린 측창(側窓)으로 들어오는 강한 빛

남쪽 산비탈 위에서 내려다본 이응노의 집 지붕 경사면과 용봉산.

은 마치 해시계의 그림자처럼 바닥에 시간의 궤적을 그리며 이동한다. 소전시실의 벽체들은 그 빛의 그 방향과 조명 시간을 불규칙하게 단속(斷續)하며 빛의 근원을 알 수 없게 만들어 호기심을 돋운다. 강렬한 빛이 인입되는 시간은 장소에 따라 다르며 그 지속 시간이 짧다. 그러므로 대부분 직사광보다는 벽체 등에 반사되거나 약화된 빛이 내부로 들어와 전반적으로 동굴(grotto)처럼 어두운 공간이 조성되고, 태양의 궤적에 따라 이동되는 조명 지점은 장소와 시간에 따른 빛의 상태에 대하여 각기 다른 특성을 지님으로써 다변적(多變的)이고 색다른 인상과 분위기를 조성한다. 빛은 해시계의 몫을 수행하고 있다. 해시계에서 침의 그림자가 시간을 가리키는 것과 달리 '이응노의 집'에서는 빛 자체가 시침(時針)의 기능을 하기 때문이다.

평면에서 공간이 전도되고, 빛의 구실이 전도되는 것과 마찬가지 현상이 창의 기본적인 역할에서도 보인다. 창은 매스처럼 느껴져야 할 소전시실들 사이, 즉 공간 사이의 틈에 배치되었다. 일반적으로 틈은 공간을 형성하는 원인이 되지만 여기선 사이, 혹은 사이 공간이 되며 이 곳은 양면의 벽체들로써 조정되고 형성된다. 다른 한편으로 틈은 외부로 향하는 시선의 프레임이 되기도 한다. '이응노의 집' 내부에서 나의 눈은 프레임을 구성하는 벽체에 의하여 조정을 받는다. 벽체는 나의 눈에 절대적인 조건과 환경을 부여하므로 눈이 물체에 의해 조정되고 맞추어진다. 곧 나의 눈, 나아가 나의 몸은 건축물에 맞추어지고 동화됨으로써 그것과 하나가 되도록 강요된다.

그 집 앞 길에 놀이 지고 어둠이 내려앉는 동안.

건너편 산과 마을이 모두 어둠 속으로 숨고 나면, 이제 뭇 별들의 풍경이 이 집에 말을 거는 것이다.

빛은 콘크리트 벽에 부딪쳐 산란하며 부드러워진다.

🌐 이응노의 집─문화 문명의 교차점 (김원식 글) | 여덟 | **땅에서 스며 나온 집, 그리고 틈새** 🌐 동굴처럼 어두운 실내의 분위기는 불레(Etienne Louis Boullée, 1728~1799년), 르두(Claude-Nicolas Ledoux, 1736~1806년), 안도 다다오(安藤忠雄)에게서 발견되는 매장 건축(埋藏建築, architecture ensevelie)의 특징을 떠올리게 한다. 이런 맥락에서 본다면 조성룡의 '이응노의 집'은 건축물 자체가 지형의 연장이 되고 그 내부 공간은 마치 동굴처럼 여겨져 감각적으로는 땅에 더욱 가깝게 느껴진다. 감상적인 연역에 의지하면 물리적 구조체인 벽은 땅의 연장처럼 해석이 가능하고, 표면에 썩은 목재, 그리고 석재를 연상케 하는 콘크리트는 대지, 나무, 암석 등을 떠오르게 하여 그리 어색하지는 않다. 이것을 외연화(外延化)하면, 땅에서 나무처럼 박스가 솟

용봉산, 새벽. 개울 건너 깨어나고 있는 건넛마을.

아 나오는데, 이 박스들은 자원의 상태인 혼돈을 상징하듯 아무렇게나 던져진 것처럼 배치되었다. 그러나 기본이 되는 합리주의적 평면은 엄연히 존재하여 질서를 암시한다. 확고한 질서 체계를 상징하는 주동은 건물 평면의 기준을 제시하며, 방향이 제각각인 소전시실은 독립적인 전시 공간이 될 수 있다. 건물 전체로 본다면 모든 부분이 유기적으로 얽혀 있다기보다는 자의적이라고 할 만큼 부수적인 평면들이 들러붙어 있는 형국이다. 평면에서 부수적인 요소로 나타나는 소전시실들은 공간의 흐름을 끊고 이으면서 불연속성을 조성하는 동시에 각각은 완전한 자율성을 확보함으로써 독립된 공간성과 장소성을 얻는다. ◉ 이런 배치 수법을 형태적으로 유사한 장 누벨(Jean Nouvel)의 리움(Leeum) 등 현대의 서양식 건축물에게서 발견하

기보다는 우리 전통 건축에서 발견하는 것이 더 친숙하고 호소력이 있을 것이다. 예를 들어 '이응노의 집' 옆에 새로 지은 초가를 살펴보면 그 연계성을 쉽게 찾을 수 있다. 여러 공간을 하나의 단일 오브제 안에 포함시켜 내부의 공간을 풍요롭게 하는 반면 밖으로는 주변과의 대비를 극대화하여 가소성(可塑性)을 최대로 이끌어내는 서양 건축과는 달리 우리 나라 건축의 특징은 단일채의 가소성 자체보다는 주변 환경과의 어우러짐을 꾀하며 각 채와 채 사이의 틈을 통하여 주변과 소통한다. 그러므로 한옥의 배치는 자연과 하나처럼 어우러질 수밖에 없다. 그리고 우리 전통 건축은 서양과 같이 공간을 기계처럼 맞물리게 하여 기능적이고 상호 의존적으로 배열하는 것이 아니라, 비교적 성격이 확실히 부여되지 않은 다목적의 실들을 배치하는

새벽. 길. 몇 걸음 물러서자 산이 들어온다. 2011년의 사진.

까닭에 서양의 경우처럼 요소 사이의 상호 관계에서 발생되는 공간감은 약한 경우가 많다. 우리 건축에서 공간은 허(虛), 즉 틈새, 비움 등을 통하여 느껴지는 경우가 더 많으며, 눈에 감지되지 않는 공간 또한 실재의 공간만큼이나 살아 생생한 것으로 고려되곤 한다. '이응노의 집'에서 소전시실들의 배치에서 오는 공간과 건축의 연출은 이런 특징으로써 설명할 수도 있다.

◉ 이응노의 집 — 문화 문명의 교차점 (김원식 글) | 아홉 | **자연스레 세계를 담다** ◉ 외부 공간을 언급하며 연밭을 빠트릴 수는 없다. 연밭은 기존의 논을 탈바꿈한 것으로 그 구축과 채용 및 이용 방식에 종교적 의도는 담겨 있지 않다. 그보다는 오히려 미학적 의미를 찾는 것이 중요할 것이다. 연밭은 물을 담고 있어 거울을 사용할 때처럼 공간이 확장된 듯 느끼게 하는 경관 요소가 된다. 물 속에 하늘, 구름, 산 등의 이미지를 거꾸로 반사시키며 기상 등 환경 조건에 따라 명도, 채도 등의 미묘한 변화를 체험하게 하여 불멸의 대상인 듯한 자연 역시 범상(凡常)함의 속성을 지니고 있음을 일깨워 준다. 잔 미풍에도 수시로 흔들리고 변하는 이미지는 이미 허상으로 비치며 불규칙성을 증폭시킨다. 연못은 동서양 공히 살아 움직이는 자연처럼 취급한 경우가 많은데

세월이 묻어나기 시작한 황토벽과 노을빛에 잠기기 시작한 용봉산. 2019년의 사진.

특히 서양에서는 변덕과 무상함의 구현에 열중했던 바로크 풍의 정원과 도시, 건축물에 즐겨 채용한 요소다. 조성룡은 시간에 따라 성장하고 꽃을 피우는 연을 연못에 심고 그 안에 산책로와 데크를 설치함으로써 만연된 불규칙에 제동을 걸고 허상의 세계에 실재 세계의 대상물을 투입한다. '이응노의 집'에서 건축물이 작게는 앞의 마당, 연밭과 들판, 멀리는 더 큰 스케일의 자연, 세계와 연결되어 있음은, 전통적인 건축 사상과 우주관을 잘 반영하며, 오브제 중심의 건축보다 경관적이고 다분히 생태를 고려한 건축이라고 판단하는 데 중요한 근거가 된다. 이런 사고의 일환으로 조성룡은 주변의 수덕사, 수덕여관, 선미술관, 그리고 바로 옆의 초가를 '이응노의 집'과 연결함으로써 소멸 가능성이 있는 땅의 역사성을 되살려 기억을 일깨우

고 생생하게 살아 있도록 하며, 변화된 성격과 전이, 그리고 그 원천이 되는 흔적을 찾아 되살리는 데 주력한다. 전통적인 건축 사상의 맥은 그가 경관, 자연, 역사를 아우르는 데 주요한 기저가 된다.

간결한 지붕은 나무와 숲을 만나 때마다 다른 표정을 보인다.

🌐 이응노의 집 — 문화 문명의 교차점 (김원식 글) | 열 | **'이응노의 집'과 '풍경의 회복'** 🌓 조성룡의 말을 빌어 지금까지 언급된 모든 것을 하나로 묶어 설명할 수 있는 표현을 고르자면 '풍경의 회복'이다. 그는 홍성, 그리고 가까운 미래의 내포 신도시가 전국에 미칠 거대한 물리·환경적 압박과 필연적으로 도래할 파괴 현상을 잘 인지하고 있다. 그러므로 그는 풍경의 조성에만 그치는 것이 아니라, 역사적 문화 시설과 현대의 문화 및 문명 자원이 공존할 수 있는 문화적 유대 장치로서 '이응노의 집'의 필요성을 같이 의식하고 있다. 아울러 쉽사리 소멸되곤 하는 땅의 역사성, 장소성, 정체성을 지키고 이어 나가고자 기본 구조를 구상하며 구축한다. 이전의 작업에서 그가 거의 죽은 건축물과 환경에 성공적으로 새로운 생명을 불어 넣었듯이 이번 작업은 이응

노를 중심으로 홍성 중계리의 역사적인 변화와 전이, 흔적을 찾아 장소의 기억을 되살리고 활성화시키고자 진행되는 과정의 하나가 되었다. ☯

글을 쓴 **김원식**은 한양대 건축과에서 학부 및 석사과정을 마치고 벨기에 루뱅 카톨릭 대학교(l'Université catholique de Louvain) 예술사학과에서 석사 및 박사 학위를 받았습니다. 한양대학교 교수, 단우도시건축학연구소 소장, 오픈 아키텍쳐 스쿨 교장 등을 지냈습니다. 김미상이라는 필명을 함께 사용해 건축사와 미술사를 연구하며 건축뿐만 아니라 미술·무용 등의 여러 분야 평론가로 활동하고 있습니다.

가장 낮은 곳에 위치한 연밭. 하늘과 용봉산까지 모두 비추이는 이 진흙 못에서 여름이면 연꽃과 잎들이 장관을 펼친다.

부속동 야경.

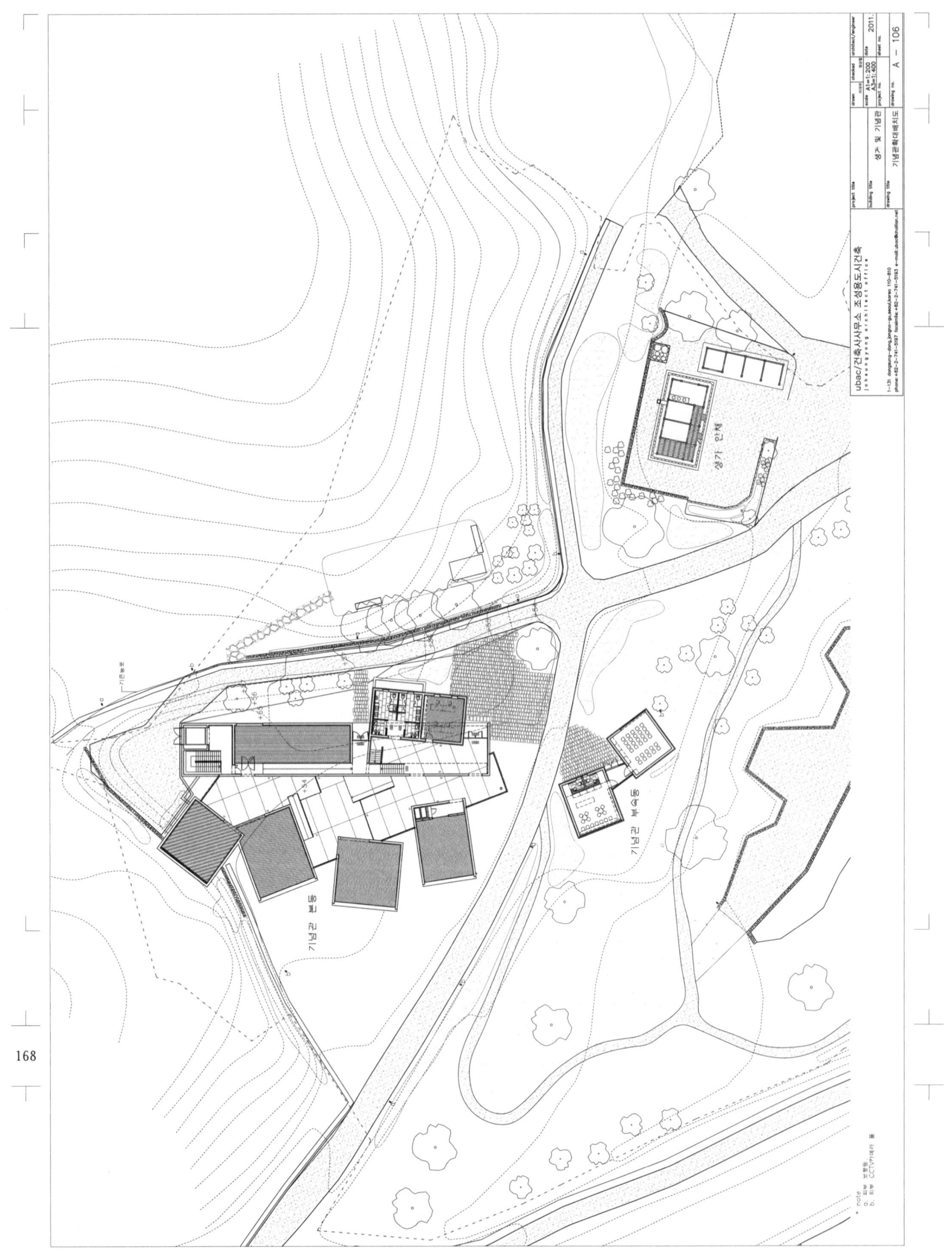

기념관과 부속동, 초가 배치도. 기념관은 대지의 가장 구석, 비탈이 산으로 이어지는 골짜기 안에 자리잡았다.

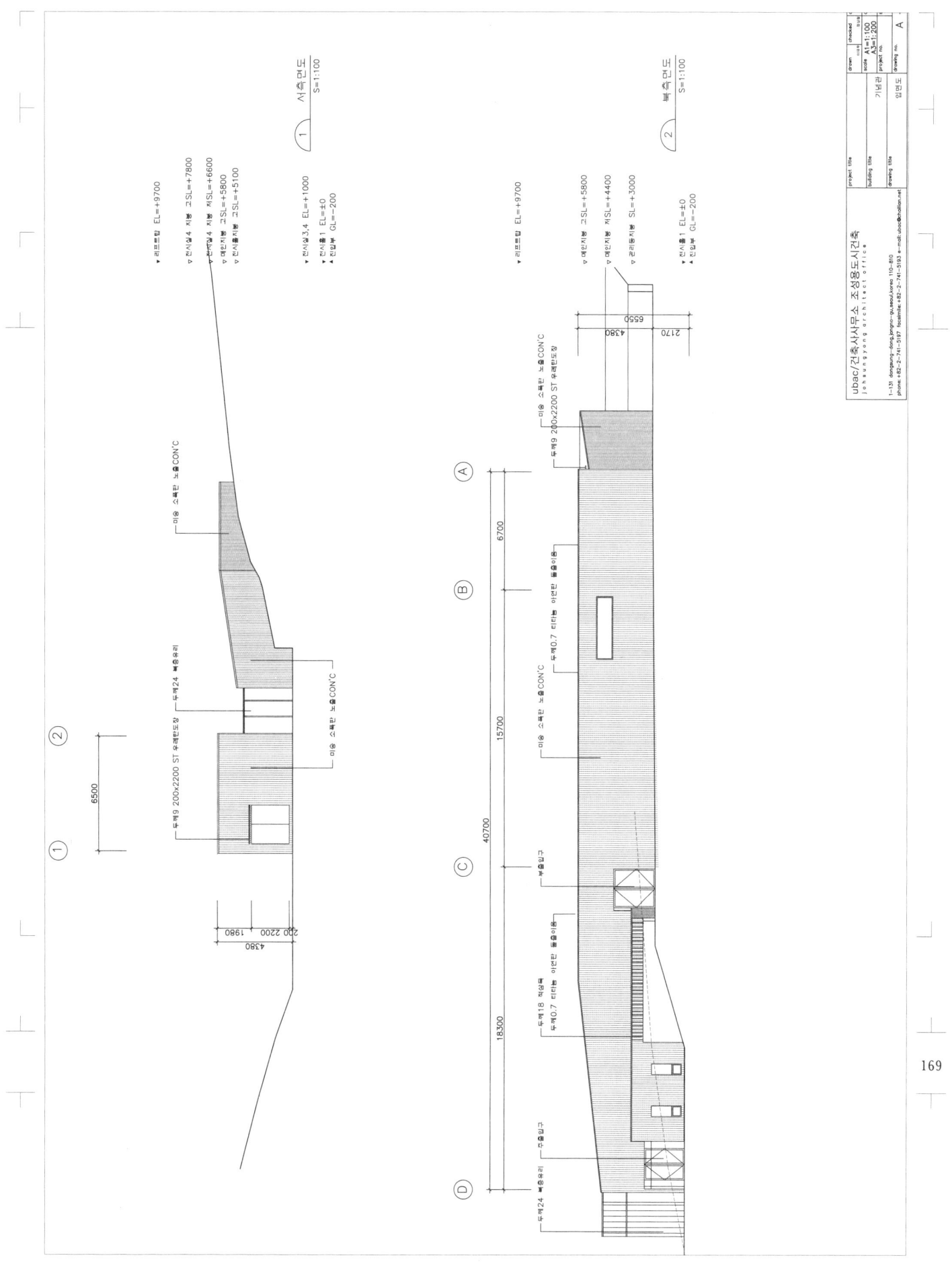

기념관 입면도.

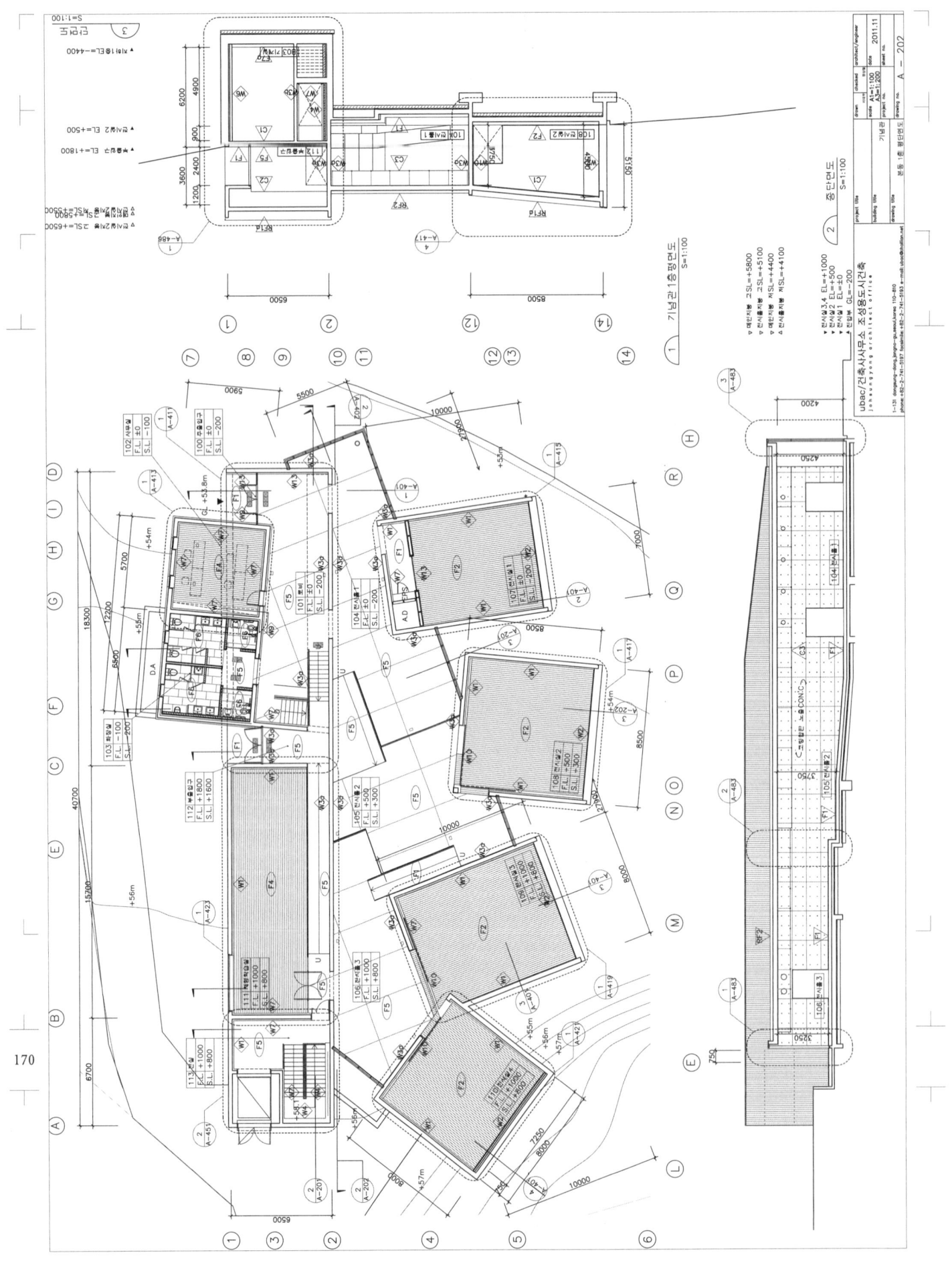

본동 1층 평단면 상세 도면.

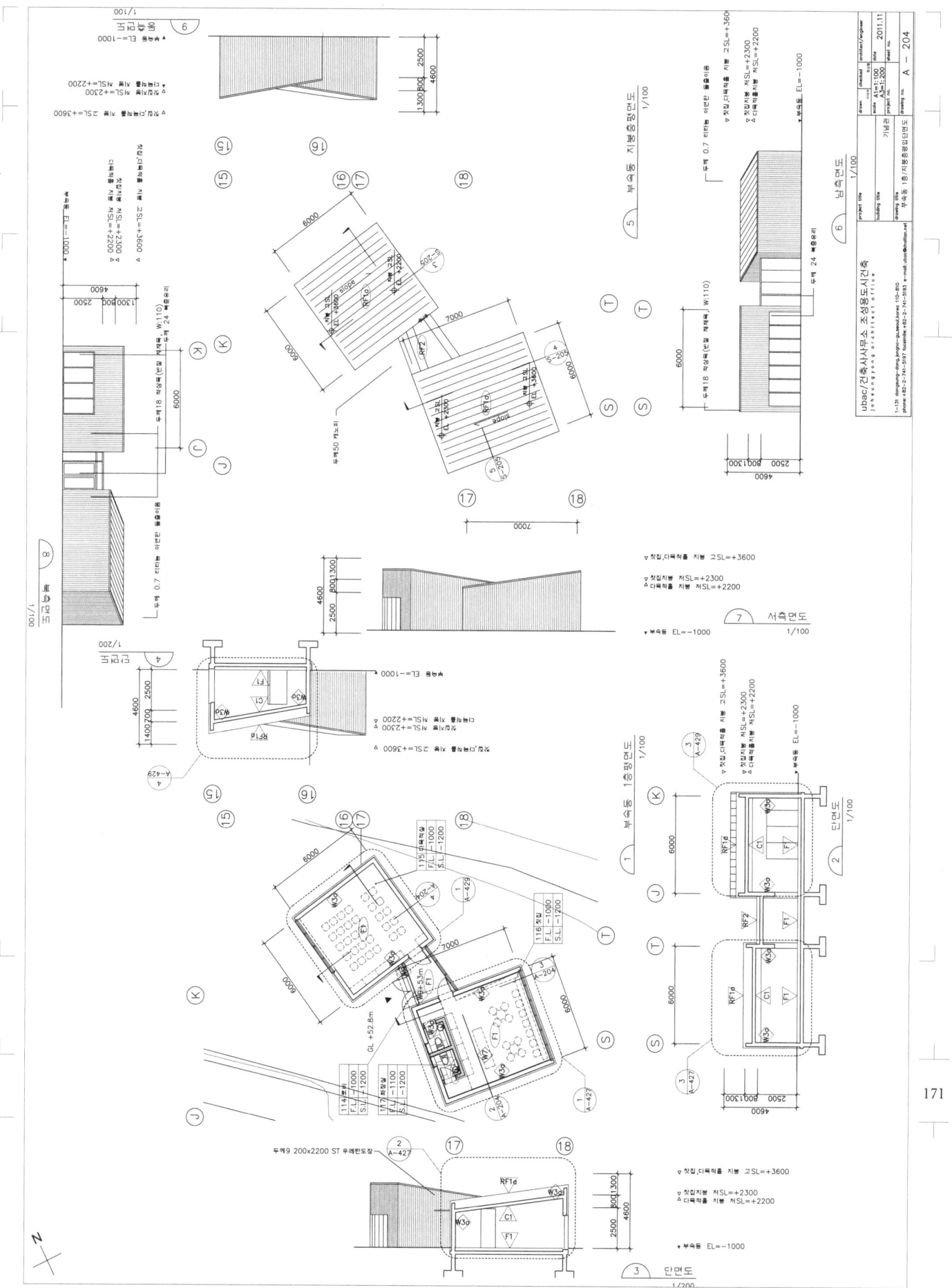

부속동 평입단면 상세 도면.

| 아래 왼쪽 | **반사된 자연광이 부드럽게 퍼지는 제 4전시실.**
| 아래 오른쪽 | **기획 전시실 내부.**

| 아래 왼쪽, 오른쪽 | 긴 복도를 면한 기획 전시실은 체험 활동, 강연 등 다용도로 기획되었다. 높게 붙은 창문은 작지만 고암의 삶과 예술의 다양한 면면을 비추는 장치이자 화폭이다.

제1전시실에서 남쪽으로 바라본 전시홀.

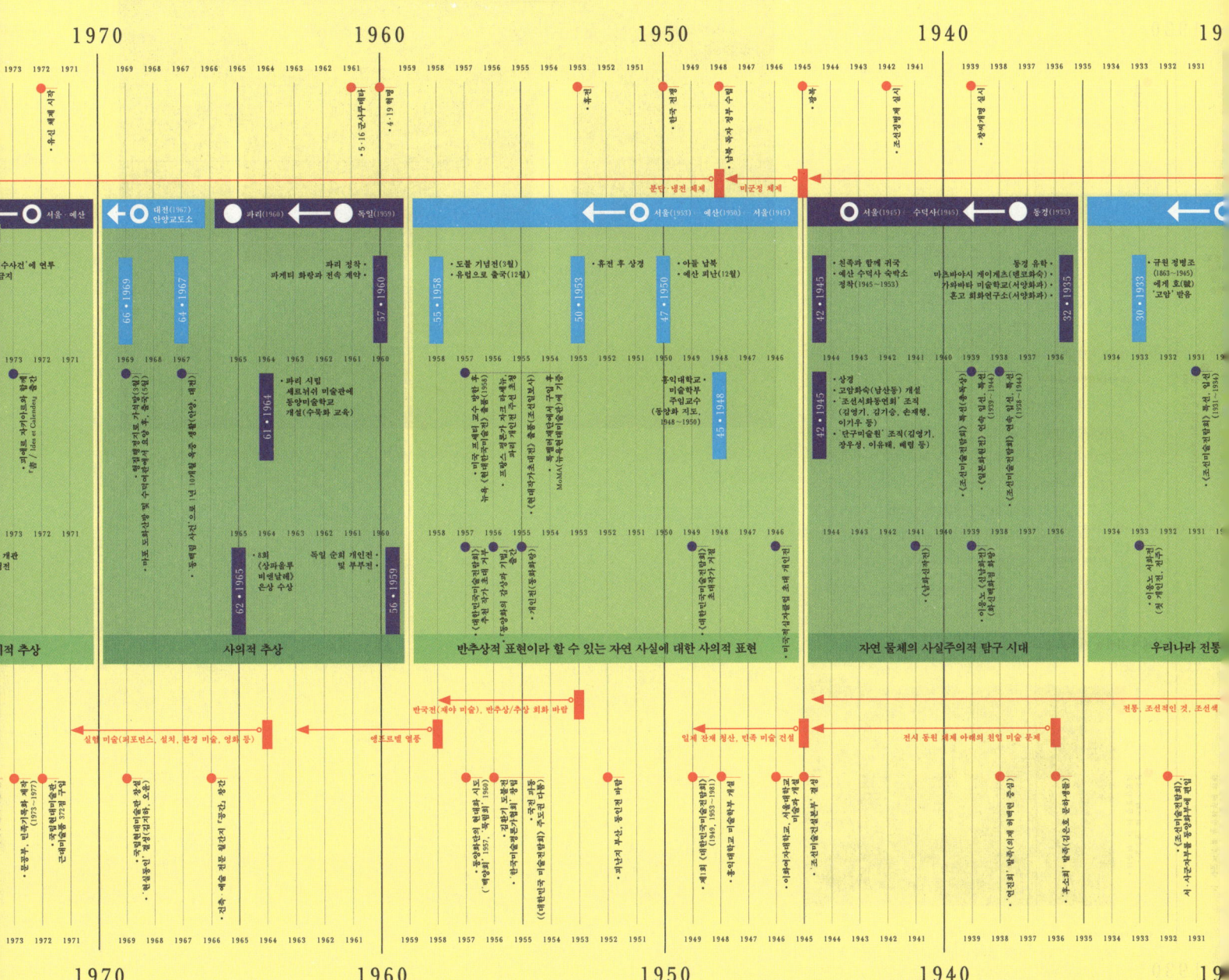

이응노의 여정

이응노의 집, 집 이야기
제1전시실 : 이응노의 집 고암 이응노 생가 기념관에서는 고암 이응노의 유품과 작품을 언제나 만날 수 있습니다. 고암 이응노의 생애와 유품을 모은 제1전시실은, 제2전시실과 제3전시실의 작품이 주제나 특별전에 따라 바뀔 때에도 상설로 이응노의 여정을 소개합니다.

● 고암 이응노는 1904년 홍성에서 태어나 1989년 파리에서 생을 마칠 때까지 온 삶을 그림으로 채운 화가입니다. 21세인 1924년에 《조선미술전람회》에 처음 입선한 이후 일제 강점기에 이 전람회에서 여러 차례 수상하며 활발한 작품 활동을 펼쳤습니다. 일본 유학을 거쳐 해방 후에는 새로 개설된 홍익대학교 미술 대학 교수를 지냈습니다. 거기에서 멈추지 않고 50대에 프랑스 파리로 건너갔습니다. 고암 이응노는 한국의 전통 서화를 바탕으로 한 작품을 선보여 유럽 예술계에서 큰 주목을 받았으며 학교를 세우고 서구 젊은 이들에게 동양 예술을 가르쳤습니다. 그가 남긴 3만여 점의 작품은 전통 서화부터 현대의 추상에 이르기까지 매우 폭넓고 다양합니다.

● 고암 이응노가 살았던 시대는 우리 나라가 일제 강점기의 치욕, 해방의 기쁨과 동족 상잔의 비극을 겪었던 격동기였습니다. 경제 성장과 민주화를 향한 고통도 있었습니다. 고암 이응노는 우리 근현대사의 비극을 삶 속에서 고스란히 겪었습니다. 1960년대에 '동백림 사건'에 연루되어 옥고를 치러야 했고 세상을 뜰 때까지 다시는 그리던 고국에 돌아오지 못했습니다. 열일곱 나이에 상경해서 도쿄로, 다시 서울로, 또 파리로. 쉼 없이 이어지는 긴 동선 속에서 예술 세계와 함께, 한 인간의 의식 세계가 확장해 가는 여정 또한 발견할 수 있습니다.

기념관 로비.

● 고암 이응노는 결코 넓은 삶의 여정 동안 끊임없이 낯선 것을 받아들여 전통과 현대, 동양과 서양, 마침내는 인종·남녀·노소·취향까지 융화시켰습니다. 안주(安住)는 감히 그의 삶과 화폭에 침범할 수 없었습니다. 그 든든한 뿌리가 되어 주었던 고향 홍성에서 이 모든 것들이 녹아들어 오늘 우리에게 말을 건넵니다.

Le Parcours de Lee Ungno

Lee Ungno, né en 1904 à Hongseong et mort à Paris en 1989, a consacré toute sa vie à la peinture. Depuis 1924, à l'âge de 21 ans, il reçoit de nombreux prix lors de "L'exposition d'art de Chosun" et débute sa carrière artistique. Après avoir terminé ses études au Japon, il enseigne à l'Université de Hongik, à Séoul. A cinquante ans, il part une nouvelle fois, à Paris. Lee Ungno a promu la technique de la peinture traditionnelle coréenne en Europe non seulement par ses œuvres mais aussi par son enseignement aux élèves des écoles européennes. Il a laissé près de trente mille œuvres traversant la peinture traditionnelle coréenne jusqu'à l'abstraction. ● L'époque de Lee Ungno a connu non seulement l'occupation japonaise, l'indépendance et la guerre des deux Corée, mais aussi la lutte pour la croissance économique et la démocratisation. Lee Ungno a respiré les tragédies de notre histoire moderne mouvementée. Dans les années 1960, il a été incarcéré pour avoir été impliqué dans "l'Affaire de Berlin de l'Est (où le gouvernement coréen l'accuse à tort d'espionnage)", et a été banni de son pays. Ainsi son parcours et sa vie nous montrent son univers artistique et l'évolution de sa conscience. Son art vise à la réconciliation de la Tradition et de la Modernité, de l'Orient et l'Occident et de l'Humanité avec un grand H. S'installer dans le confort n'a jamais été le sujet de son art. ● Et, tout cela est imprégné, ici, dans ses racines. A Hongseong.

부속동.

이응노의 집, 집 이야기
고암 이응노 연표

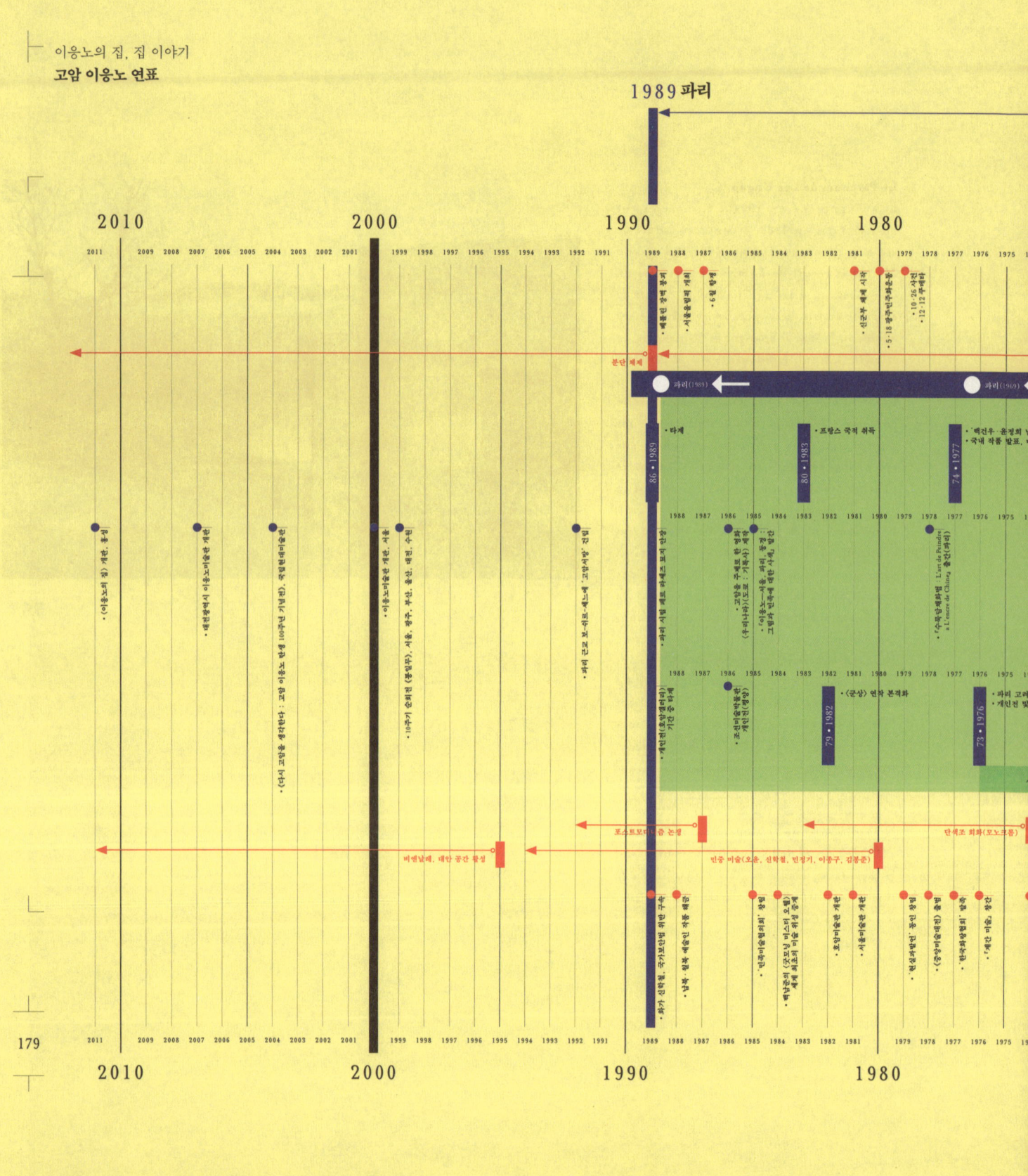

고암 이응노가 걸어 온 길

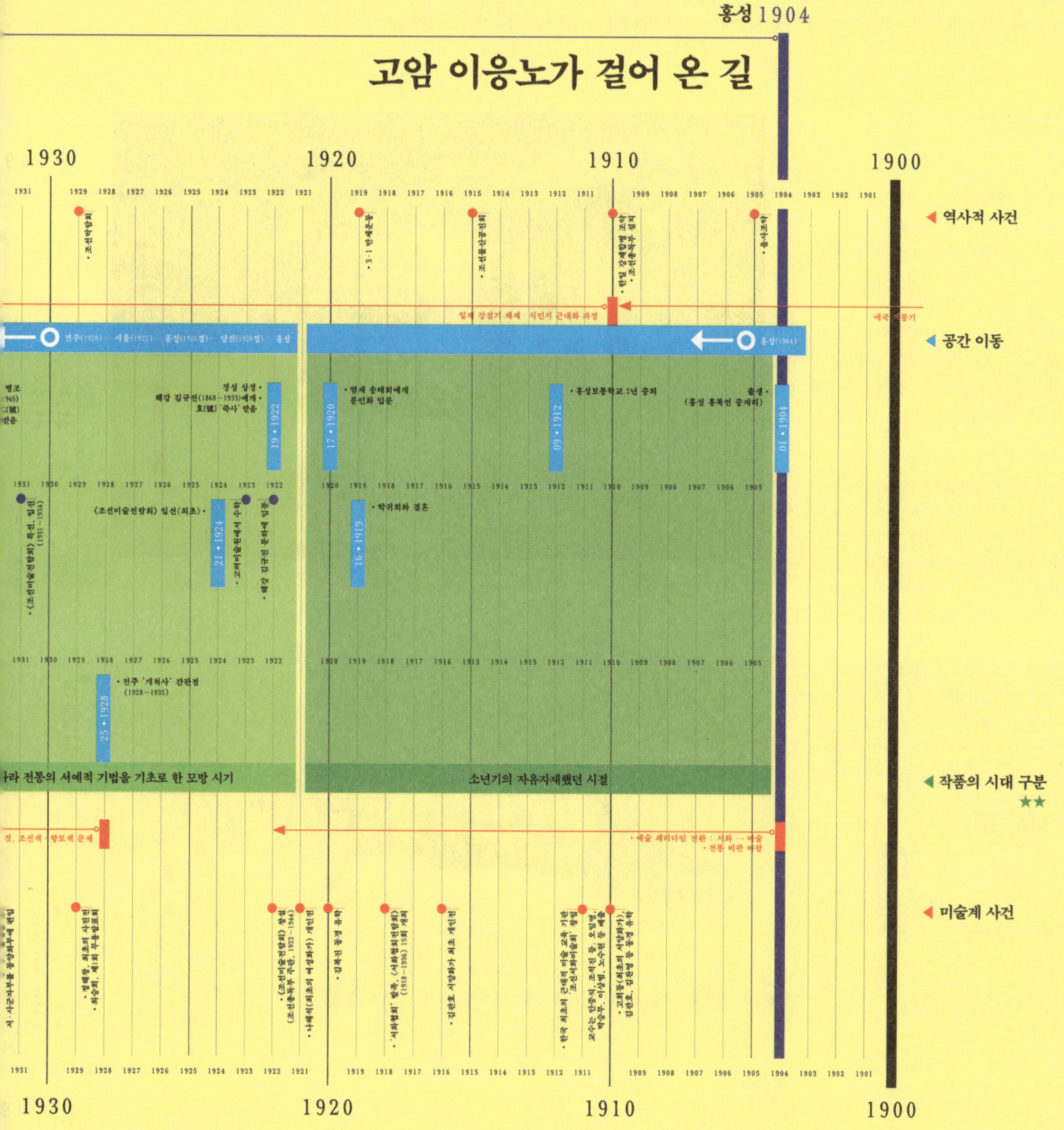

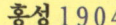

기념관에 전시된 연표와 동일하게 동선을 따라 오른쪽에서부터 왼쪽으로 읽어 나가도록 되어 있습니다.
★★《신세계미술관 개인전》(1976년) 서문에서 이응노 스스로 밝힌 내용입니다.
1977년 이후는 밝힌 바가 없으므로 표기하지 않았습니다.

이응노의 작품 세계 1 : 도불 이전의 서화, 풍경화

이응노의 집, 집 이야기
제2전시실 : 이응노는 전통 서화가로서 예술에 입문한 이후, 1958년 유럽으로 건너가기 전까지 전통 사군자부터 현대의 추상까지 동서 미술의 핵심을 두루 섭렵했습니다. 그 특징에 따라 다음과 같이 세 시기로 나눌 수 있습니다. 이 시기 예술의 흐름은 기념관 제2전시실에서 소개합니다.

● **문인화(사군자) 시기** (1924~1935년) ● 이응노는 처음, 전통 서화에 입문합니다. 1924년, 제3회《조선미술전람회》'서·사군자부'에 입선하면서 서화가로서 등단한 뒤에 1934년까지 대나무 그림(묵죽, 墨竹)에 주력합니다. 초기 수업 과정에 그는 시서화에 깃든 '사의(寫意)'라는 이념을 터득했고, 이것은 그의 평생에 걸친 예술의 뿌리가 되었습니다. 대나무를 비롯하여 이 시기에 습득한 전통 회화의 여러 주제를 유럽으로 건너간 뒤에 추상 작업에 매진하면서도 꾸준히 자유분방한 붓놀림으로 다시 해석하여 끊임없이 변주합니다.

● **풍경화 시기** (1935~1945년) ● 일본으로 건너가 서양화와 일본화를 배운 뒤, 실제 풍경을 묘사하는 신남화(新南畵)를 주로 그렸습니다. 신남화는 일본 화가들이 일본 남화와 서양화의 방법을 섞어 고안해 낸 풍경화 양식입니다. 이응노는 부지런히 몸을 굴려 자신이 만나고 겪는 세상(풍경)을 '사생(寫生)'하였습니다. 전통의 울타리를 벗어나 현실의 풍경과 삶을 발견해서 기록하고 성찰하는 쪽으로 옮겨간 것입니다.

● **반추상의 풍경·인물화 시기** (1945~1958년) ● 해방의 기쁨과 전쟁의 상처 속에서 이응노의 작품 세계는 변화를 거듭합니다. 해방 이후에 이응노는 사생 원리는 유지하되, 풍경이나 길거리 등 현장의 모습을 쾌활한 붓놀림을 써서 표현합니다. 1950년대 중반에 들어서서의 작품 경향을 스스로 '반추상'이라고 이르며, 사생을 약화하고 '지적 의도'를 암시한다고 말했습니다. 대상을 그리면서도 화가의 흥취를 한껏 살려 그려서, 어둠침침한 1950년대에 보기 드물게 생명감 넘치는 쾌활하고 율동적인 그림을 보여 줍니다.

고암 이응노,〈한강 풍경〉, 한지에 수묵, 33×41.5cm, 1950년대. (부분)

「이응노의 작품 세계 2 : 도불 이후 〈구성〉, 〈군상〉 연작 」

이응노의 집, 집 이야기

제3전시실 : 고암의 나이 쉰다섯. 화가로서 이미 일가를 이루고 안정된 삶을 꾸릴 수 있는 때에 그는 모험을 선택했습니다. '세계의 화가들과 대결하고자' 유럽으로 건너간 것입니다. 첫 1년, 독일을 순회하며 '반추상' 그림을 선보여 호평 받고, 파리에 정착한 이후에는 추상의 시대를 열었습니다. 이 시기 작품은 제3전시실에서 볼 수 있습니다.

● **〈구성〉 연작 시기** (1960~1970년대) ● 파리 정착 초기 3~4년 동안은 종이를 붙이거나(파피에 콜레) 또는 수묵으로 낡은 돌 표면을 연상시키는 추상화(사의적 추상)를 그려 큰 반향을 일으켰습니다. 1960년대 중반 이후부터 70년대에는 한자나 한글 또는 세계 곳곳의 옛 문자 형상을 재구성한 작품(서예적 추상)을 제작했습니다. 그는 거의 모든 작품에 〈구성〉이라는 제목을 붙였는데, 선의 움직임, 문자의 형태와 여백의 관계 등 자신의 추상 예술의 근원은 어디까지나 서예에 있다고 강조했습니다. 그러는 가운데, 1960~70년대에는 훗날 〈군상〉의 기초 형식이 다양하게 나타나기도 했습니다.

● **옥중작** (1967~1969년) ● 이른바 '동백림 사건'에 얽혀 이응노가 어이없이 2년여 교도소에 유배되었던 시기입니다. 그는 교도소 생활이, 삶과 예술과 세계를 새로이 깨우치는 학교였다고 말했습니다. 그 비좁고 밀폐된 곳에서도 왕성한 창작욕은 멈추지 않아 휴지에 간장으로 그린 그림이나 밥풀 같은 것으로 빚어 만든 작품들, 출소 직후 수덕여관에 머무르며 그린 너럭바위 암각화는 너무나 유명합니다.

● **〈군상〉 시기** (1980년대) ● 말년에 이응노는 셀 수도 없이 많은 사람을 그리고, 만들고, 새겼습니다. 화폭 안의 사람들은 서 있거나 뛰거나 걷거나 춤을 춥니다. 모여 행진하기도 합니다. 수감 생활 이후 오히려 사랑, 평화, 자유, 화해를 꿈꾸며 그는 사람을 그리고, 사람을 빚고, 사람을 깎고, 사람을 새긴 것입니다. 인종·민족·빈부·취향·남녀·노소·표정을 도무지 구별할 필요조차 없는, 사람들. 그가 이승에서 이룬 예술 세계의 대단원입니다.

고암 이응노, 〈군상〉, 도자, 17×19×8cm, 1980년대.

수록 작품 목록

고암 이응노, 〈문자 추상〉 추상화 대작 12판, 한지에 기름 성분, 95×58.5cm. (앞)

고암 이응노, 〈문자 추상〉 추상화 대작 12판, 한지에 기름 성분, 95×58.5cm. (뒤)

고암 이응노, 〈문자 추상〉, 나무 판각, 34×145×4cm, 1969년.

고암 이응노, 〈문자 추상〉, 한지에 판화, 53.5×34cm.

고암 이응노, 〈풍경〉, 한지에 수묵 담채, 51×64cm, 1957년.

고암 이응노, 〈풍경 초가집〉, 종이에 채색, 26.5×36.5cm, 1943년 4월 27일(온천 밤줄 부근).

고암 이응노, 〈풍경 스케치〉, 종이에 채색, 26.5×36.5cm, 1943년 4월 29일(《어머니 스케치》의 뒷면).

고암 이응노, 〈어머니 스케치〉, 종이에 채색, 26.5×36.5cm, 1943년.

고암 이응노, 〈산수―안양〉, 한지에 수묵, 20.7×66.5cm, 1969년.

고암 이응노, 〈풍경〉, 한지에 수묵 담채, 58.8×48cm. (부분).

고암 이응노, 〈소〉, 한지에 수묵, 44×52cm, 1949년.

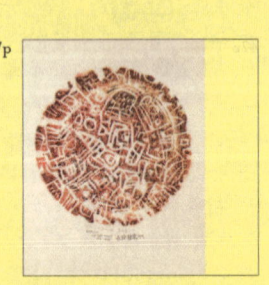
고암 이응노, 〈문자 추상〉, 한지에 판화, 56×44cm, 1978년.

고암 이응노, 〈풍경〉, 비단에 담채, 34.5×48cm, 1940년대 후반.

고암 이응노, 〈산수화〉, 한지에 수묵 담채, 43×58cm, 1950년대, 마이아트 공상구 기증.

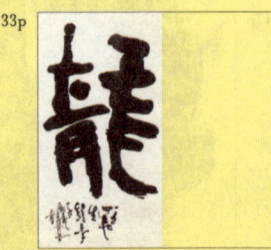
고암 이응노, 〈용〉, 한지에 수묵, 134.5×69.5cm.

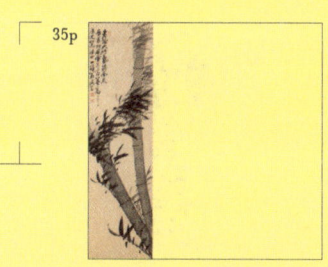

35p
해강 김규진, 〈대나무〉, 한지에 수묵, 126.6×35.3cm.

35p
고암 이응노, 〈대나무〉, 한지에 수묵, 130×29.5cm, 1940년, 학고재 우찬규 기증.

36p
고암 이응노, 〈대나무〉, 한지에 수묵, 132.5×33.5cm, 1940년.

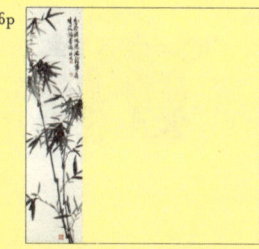

36p
죽사 이응노, 〈대나무〉, 한지에 수묵, 139.5×34cm.

36p
고암 이응노, 〈대나무〉 12폭 중 한 폭, 한지에 수묵, 128.2×33.8cm, 1969년.

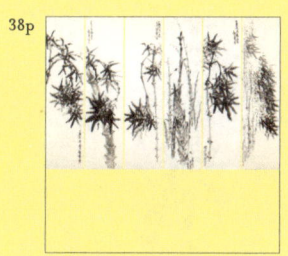

38p
고암 이응노, 〈대나무〉 12폭 중 6폭, 한지에 수묵, 128.2×33.8cm, 1969년.

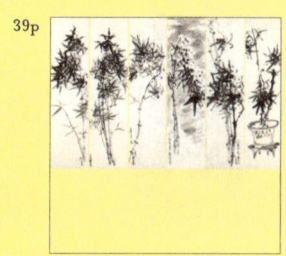

39p
고암 이응노, 〈대나무〉 12폭 중 6폭, 한지에 수묵, 128.2×33.8cm, 1969년.

41p
고암 이응노, 〈취필화〉, 한지에 수묵, 34×134.7cm, 1956년.

42p
고암 이응노, 〈취필화〉, 한지에 수묵, 32.3×124.5cm, 1950년대 후반.

44p
고암 이응노, 〈풍경〉, 한지에 수묵 담채, 44.5×60cm, 청관재 박경임 기증.

45p
고암 이응노, 〈팔각정〉, 종이에 채색, 29×37cm, 1953년, 가나아트센터 이호재 기증.

46p
고암 이응노, 〈수덕사〉, 종이에 수묵 담채, 119×30cm, 1940년대 전반, 마이아트 공상구 기증.

47p
고암 이응노, 〈풍경〉, 한지에 수묵 담채, 38.5×52.2cm, 1940년대 후반.

48p
고암 이응노, 〈무제〉, 한지에 담채, 35×39cm, 가나아트센터 이호재 기증.

49p
고암 이응노, 〈한강 풍경―밤섬〉, 39.2×52.5cm, 한지에 수묵 담채, 청운대학교 총장 이상렬 기증.

51p
고암 이응노, 〈밤 풍경〉, 한지에 담채, 34×41cm.

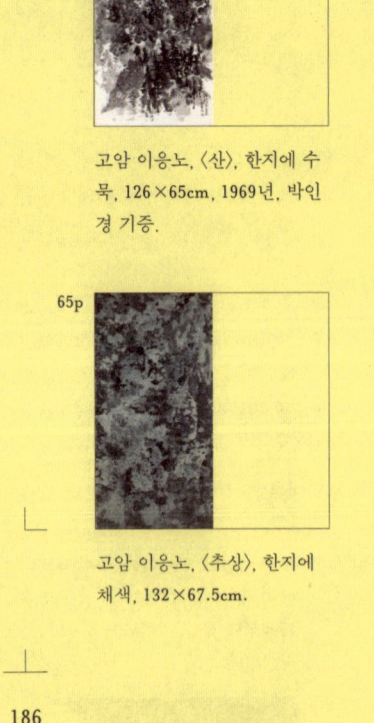
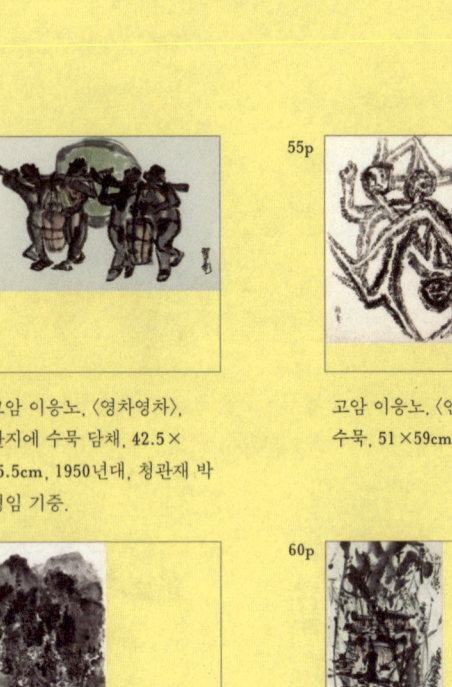

53p
고암 이응노, 〈영차영차〉, 한지에 수묵 담채, 42.5×65.5cm, 1950년대, 청관재 박경임 기증.

55p
고암 이응노, 〈인간〉, 한지에 수묵, 51×59cm.

56p
고암 이응노, 〈장터 여인〉, 한지에 수묵 담채, 46×52cm, 1940년대 후반.

57p
고암 이응노, 〈장날〉, 16×45cm, 박인경 기증.

59p
고암 이응노, 〈산〉, 한지에 수묵, 126×65cm, 1969년, 박인경 기증.

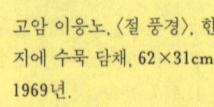

60p
고암 이응노, 〈절 풍경〉, 한지에 수묵 담채, 62×31cm, 1969년.

61p
고암 이응노, 〈숲〉, 한지에 수묵 담채, 133×68cm, 1953년, 박인경 기증.

64p
고암 이응노, 〈추상〉, 한지에 채색, 129×65cm, 1960년대 전반.

65p
고암 이응노, 〈추상〉, 한지에 채색, 132×67.5cm.

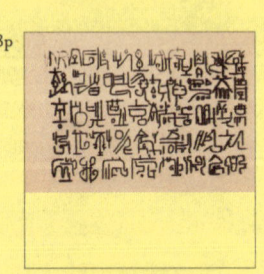

68p
고암 이응노, 〈문자 추상〉, 종이에 먹, 17.5×25.7cm.

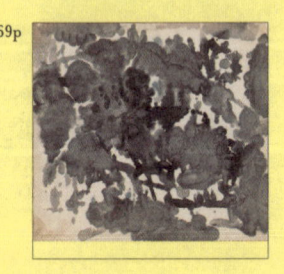

69p
고암 이응노, 〈추상〉, 한지에 수묵, 74×67cm.

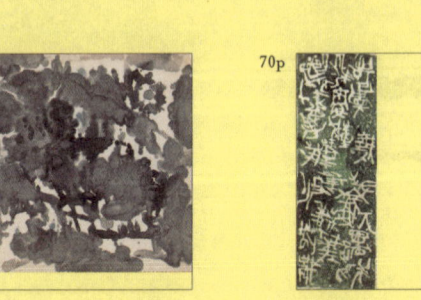

70p
고암 이응노, 〈문자 추상〉, 한지에 담채, 100×34.5cm, 1968년, 동산방화랑 박우홍 기증.

71p
고암 이응노, 〈문자 추상〉, 한지에 채색, 141×76cm, 1970년.

73p
고암 이응노, 〈닭〉, 한지에 수묵 담채, 40.5×64.5cm, 1974년, 현대화랑 박명자 기증.

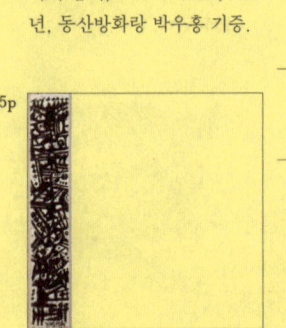

75p
고암 이응노, 〈문자 추상〉, 한지에 수묵, 107×17cm, 1978년, 대룡건설 이환근 기증.

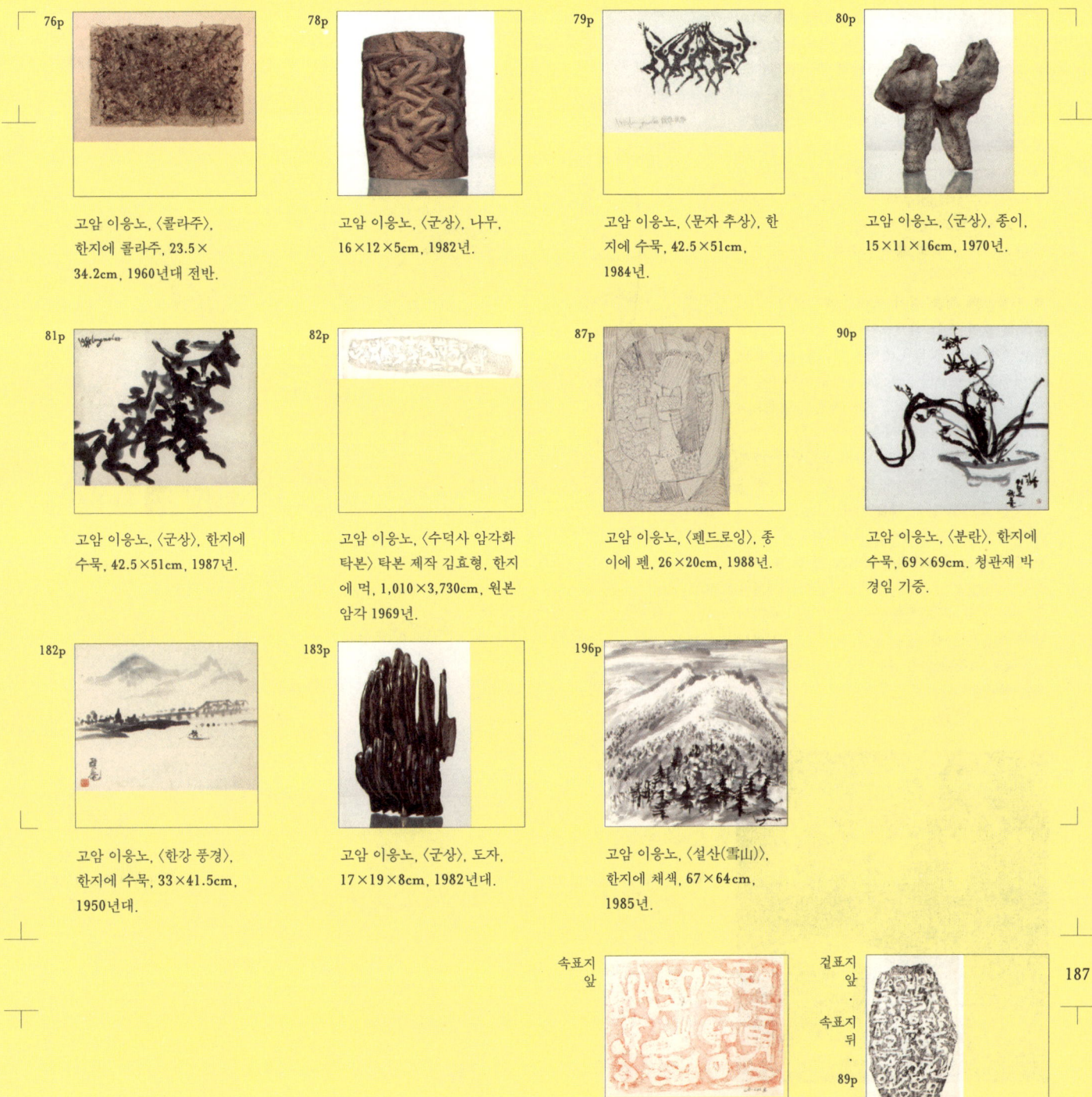

76p 고암 이응노, 〈콜라주〉, 한지에 콜라주, 23.5×34.2cm, 1960년대 전반.

78p 고암 이응노, 〈군상〉, 나무, 16×12×5cm, 1982년.

79p 고암 이응노, 〈문자 추상〉, 한지에 수묵, 42.5×51cm, 1984년.

80p 고암 이응노, 〈군상〉, 종이, 15×11×16cm, 1970년.

81p 고암 이응노, 〈군상〉, 한지에 수묵, 42.5×51cm, 1987년.

82p 고암 이응노, 〈수덕사 암각화 탁본〉 탁본 제작 김효형, 한지에 먹, 1,010×3,730cm, 원본 암각 1969년.

87p 고암 이응노, 〈펜드로잉〉, 종이에 펜, 26×20cm, 1988년.

90p 고암 이응노, 〈분란〉, 한지에 수묵, 69×69cm. 청관재 박경임 기증.

182p 고암 이응노, 〈한강 풍경〉, 한지에 수묵, 33×41.5cm, 1950년대.

183p 고암 이응노, 〈군상〉, 도자, 17×19×8cm, 1982년대.

196p 고암 이응노, 〈설산(雪山)〉, 한지에 채색, 67×64cm, 1985년.

속표지 앞 고암 이응노, 〈문자 추상〉, 한지에 판화, 28.5×49cm, 1969년.

겉표지 앞·속표지 뒤·89p 고암 이응노, 수덕사 구들장 탁본, 한지에 먹, 139×70cm.

이응노의 집 : 프로그램과 찾아 오시는 길

이응노의 집, 집 이야기

● **매주 월요일 휴관** (월요일이 공휴일인 경우 화요일 휴관, 1월 1일, 설날, 추석 휴관). ● **관람 시간** 09:00~18:00 (11월~2월 09:00~17:00) ● **관람 요금** 어른 1,000원 (15인 이상 단체 700원). 어린이 / 청소년 / 군인 500원 (15인 이상 단체 300원).

● **다양한 전시와 프로그램을 운영합니다** ● 이응노의 집에서는 고암 이응노의 삶과 작품 세계를 보여주는 기획 전시와 고암의 예술 정신을 이어내는 고암미술상 수상 작가 특별 전시를 기획하고 있습니다. 전시와 연계된 교육프로그램은 예술을 누구나 쉽고 친근하게 경험할 수 있도록 대상의 눈높이에 맞추어 진행됩니다. 더불어 창작스튜디오 운영을 통해 예술가의 창작 활동과 공간을 지원하고 입주 작가의 지역 연계 프로그램을 통해 예술 문화 지역 특화에 기여하고 있습니다.

● **이응노의 길을 걸어 보세요** ● 이응노의 집 곳곳을 이어 주는 산책로와 논두렁길은 유유히 걷다 쉬어갈 수 있도록 쉼터와 데크를 마련해 어린 이응노가 뛰놀며 자란 그 자연을 바라보게 합니다. 산책로를 따라가다 보면 복원된 이응노의 그림을 바탕으로 새로 지은 초가가 소담하게 자리하고, 탁 트인 야외 전시장도 보입니다. 용봉산과 월산, 그리고 하늘을 담은 연밭은 한 해 내내 낮은 곳에서 물의 덕을 가르치고, 한 여름에는 만개하는 연꽃이 장관을 이룹니다.

● **풍경 좋은 북카페에서 차라도 한 잔** ● 너른 들판 풍경을 보며 전시의 여운을 좀 더 느껴보세요. 이응노의 집 도록을 비롯해 다양한 예술 관련 서적을 따뜻한 차와 함께 즐기세요. 해마다 연밭에서 거두어 마을 주민들이 직접 덖은 연잎차는 별미랍니다.

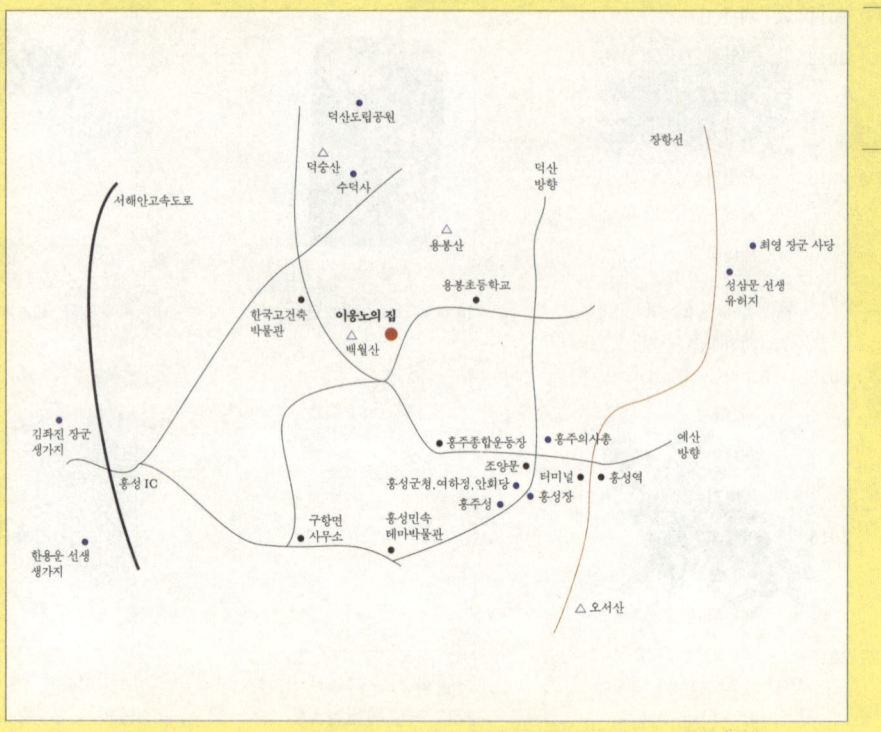

● **찾아 오시는 길** ● **대중 교통 이용시** 홍성역 또는 버스 터미널에서 택시 10분. ※ 서울에서 장항선 기차를 타고 오시는 길에는 창밖으로 용봉산과 월산의 풍경을 먼저 만나실 수 있습니다. ● **자가용 운전시** ● **서해안고속도로** 예산 수덕 I.C. → 홍성군청 방면 → 홍주종합운동장에서 → 용봉산(용봉초등학교) 방면 5분 ● **경부고속도로** 천안 → 아산 → 예산 → 홍성 → 홍주종합운동장에서 → 용봉산(용봉 초등학교) 방면 5분

이응노의 집, 집 이야기

이응노의 집 고암 이응노 생가 기념관은 2011년 개관이후 해마다 고암 이응노 예술 세계에 한층 깊이 다가가는 기획전을 개최하고 있습니다. 또한 이응노 예술의 바탕이 된 홍성 다움을 지역 주민들과 교감하고 새로운 작가들을 양성하기 위한 특별전도 꾸준히 기획하고 있습니다.

연도	전시명	부제	기간
2011	개관 전시	이응노의 집 이야기	2011.11.08~2012.06.20
2012	고암과 우리 시대의 정신展		2012.07.06~2012.09.09
	제11회 전국고암청소년미술실기대회 입상작		2012.06.29~2012.07.31
	특별기획전 홍성,답다 vol.1	홍성 I.mage 고암 Hommage	2012.11.08~2013.04.07
2013	특별기획전 홍성,답다 vol.2	홍천 마을엔 별도 많고	2013.11.08~2014.03.30
	제1회 고암미술상 수상 작가 오윤석展	이미지의 기억	2013.05.15~2013.09.15
	제12회 전국고암청소년미술실기대회 입상작		2013.06.08~2013.08.11
2014	고암 이응노 탄생 110주년 기념展	이응노, 대나무 치는 사람	2014.07.18~2015.03.08
	제13회 전국고암청소년미술실기대회 입상작		2014.10.18~2014.11.18
2015	소장품 상설展	이응노의 집 이야기	2015.03.20~2015.12.31
	제2회 고암미술상 수상 작가 배종헌展	작업집서作業集書	2015.06.05~2015.09.15
	제14회 전국고암청소년미술실기대회 입상작		2015.06.13~2015.07.20
	특별기획전 홍성,답다 vol.3	얼굴 초상 군상	2015.11.14~2016.03.06
2016	이응노의 집 소장 기증 작품展	동행同行 동도東道 서기西器	2016.04.15~2016.10.09
	이응노의 집 개관 5주년 기념	새로운 세계와 리얼리즘 : 이응노, 해방공간~1950년대	2016.11.12~2017.08.31
	제15회 전국고암청소년미술실기대회 입상작		2016.06.12~2017.04.25
2017	제16회 전국고암청소년미술실기대회 입상작		2017.06.10~2017.07.31
	2017 창작스튜디오 교류展	연경—New Nomad	2017.09.29~2017.10.11
	2017 창작스튜디오 입주작가 개인展	순리필름(박영임, 김정민우) : 들—고독·死	2017.09.29~2017.10.11
		김도경 : 헤매는 사람 planetai	2017.10.31~2017.11.14
		손민광 : 다양한 관점 various points of view	2017.11.16~2017.11.30
	제3회 고암미술상 수상 작가 박은태展	박은태의 사람들	2017.10.28~2018.04.28
2018	이응노의 집 기증 소장품展	이응노의 꿈,평화를 그리다	2018.05.12~2018.08.19
	제17회 전국고암청소년미술실기대회 입상작		2018.06.01~2018.07.31
	도불 60주년 기념展	이응노, 박인경 : 사람·길	2018.10.06~2019.05.26
	2018 창작스튜디오 입주작가展	권용주 : 포장천막Ⅳ	2018.11.20~2018.12.09
		박세연 : 예술가와 산책	2018.11.20~2018.12.09
		박유미 : 다시 부르는 이름	2018.11.20~2018.12.09
		장태영 : ooo	2018.11.20~2018.12.09
		정상철 : 내가 꿈꾸는 집	2018.11.20~2018.12.09
2019	제17회 전국고암청소년미술실기대회 입상작		2019.06.01~2019.06.09
	이응노의 집 소장품展	이응노 삶의 여정, 예술로 기록하다	2019.06.15~2019.11.14
	제4회 고암미술상 수상 작가 정정엽展	최초의 만찬	2019.07.05~2019.10.13
	2019 창작스튜디오 입주작가 개인展	이자연 : 붉은 촉 : 어떤 상황적 풍경	2019.10.22~2019.10.31
		유영주 : 라면 아저씨의 사랑 이야기	2019.11.05~2019.11.14
	이응노의 집 소장품展	고암 이응노의 소묘와 사생: 해방공간에서 1950년대	2019.11.20~2020.05.31

이응노의 집, 집 이야기

● **고암미술상** ● 고암 이응노를 기려 홍성군이 제정하고 이응노의 집이 격년제로 시행하는 현대 미술 작가상입니다. 고암은 고전적인 서화에서 출발해 아시아 및 유럽의 근현대적 실험에 광범위하게 접속하여 우리 20세기 미술에 하나의 새로운 공간을 열었습니다. 평생에 걸쳐 그는 고전을 동시대화 하는 방법에 관해 다양한 매체와 주제에 걸쳐 탐구하는 한편, 삶에 새로운 활력을 불어넣는 예술을 꿈꾸었습니다. 고암 미술상은 이와 같은 고암의 예술적 구상과 실천에 공감하고 새 길을 탐구한 미술가를 선정하여 수상합니다. 전문가로 구성된 심사위원단에 의해 선정된 작가에게는 부상으로 상금과 전시가 주어집니다.

● **창작 스튜디오** ● 고암 이응노가 지역에서 세계로, 전통미술에서 국제미술로 나아가며 욕망한 상상력과 실천을 이응노의 집 창작스튜디오를 통해 오늘에 이어갑니다. 창작스튜디오는 입주작가들에게 안정적인 개인 창작공간과 생활공간 및 창작지원비를 지원합니다. 작가가 창작 활동에 집중 할 수 있는 환경을 조성하고 지역주민과 작가와의 소통을 위한 프로그램을 운영함으로써 지역문화 발전에 기여하고자 합니다.

● **예술문화자료실** ● 전 명지대 미술사학과 이태호 교수의 소장 도서 만여 점을 기증받아 구축한 자료실입니다. 역사,문화,예술 관련 서적을 보존, 정리하여 근현대 미술사 연구의 기틀을 마련합니다.

● **고암미술상 수상자** ● 1회 오윤석—2회 배종헌—3회 박은태—4회 정정엽

● **창작 스튜디오 입주 작가** ● **2017년** (06.01~11.30) 김도경, 손민광, 순리필름, 이섭, 타라재이 ● **2018년** (03.01~12.31) 권용주, 박세연, 박유미, 장태영, 정상철 ● **2019년** (03.01~12.31) 유영주, 이자연

2012 고암미술상 추천 작가전 도록

2012 홍성, 답다 vol.1 도록

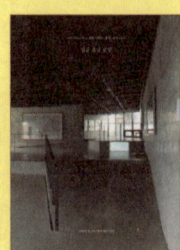

2015 홍성, 답다 vol.3 도록

2016 이응노의 집 개관 5주년 기념전 도록

2017 창작스튜디오 종합 도록

홍성 오일장.

이응노의 집, 홍성 이야기

고암을 따라 홍성을 걷자
- 고암의 그림을 만나러 가는 길
- 유년의 고암을 만나러 가는 길
- 홍성의 또 다른 볼거리

고암을 따라 홍성을 걷자

이응노의 집이 있는 홍현마을 일대는 비옥한 내포평야가 펼쳐진다

고암 이응노에게 고향은 늘 가슴속에 품고 다니던 그리움의 대상이자 평생 쉼없이 그토록 많은 작품을 만들어 낼 수 있게 했던 예술혼의 뿌리였습니다. 고향은 '그 곳의 이름만으로도 향수를 자극해, 모든 풍경이 뇌리 속에 파노라마 같이 전개되어' 곧 고암의 화폭에 모습을 드러내곤 했습니다. 고암과 그의 예술을 제대로 알고 싶다면 그가 보고 품었던 풍경을 함께 바라보기를 권합니다. 하루 여유를 갖고 주유(周遊)할 수 있도록 고암의 풍경들을 안내합니다.

고암의 그림을 만나러 가는 길

1박 2일 코스 홍성 이응노 생가 → 덕숭산 수덕사 → 수덕여관 → 가야산 덕산도립공원 → 덕산온천 → 대전 이응노미술관

수덕사 대웅전 ↑
수덕여관의 입구 →
수덕여관 앞 문자 추상 암각화 → →

● 고암 이응노에게 **덕숭산 수덕사**는 또 하나의 안식처였습니다. "해마다 가을이면 찾는" 수덕사의 아름다움을 그림뿐만 아니라 글로도 여러 차례 남겼습니다. 고암이 "황홀하고 현묘한 기공(技工)으로 창건"했다고 표현한 대웅전은 우리 나라에 남아 있는 가장 오래된 목조 건축물 가운데 하나입니다.(국보 제49호) 고려 시대인 1308년 건물로, 맞배 지붕의 우아한 선과 장중한 비례가 이 땅에 새겨진 유서 깊은 미의식을 짐작하게 합니다. "들어가는 도중 한 걸음 한 걸음 옮길 때마다 돌부리 부딪고 흐르는 물소리와 머리 위로 나는 산새 소리며 바람에 우짖는 솔바람 소리…" 고암이 그리워하던 그 소리는 청아한 풍경 소리와 함께 아직도 변함 없이 방문객을 맞이합니다.

수덕사 • 입장료 | 어른 3,000원, 어린이 1,000원 • 관리사무소 전화 | 041-337-6565

● 수덕사 입구의 **수덕여관**은 일본에서 귀국한 직후에 고암이 직접 인수하여 작품 세계에 침잠하던 작업실이자, 이후 동백림 사건으로 옥살이를 한 후 지친 몸과 마음을 치유하던 곳이기도 합니다. 고암이 직접 쓴 현판을 내어 단 옛 초가 모습 그대로이지만 지금은 여관이 아닌 전시 공간으로 변모하여 고암의 흔적들을 보여 줍니다. 고암이 문자 추상 암각화를 남긴 수덕여관 앞 너럭바위도 세월 속에 변함이 없어 보입니다. 그 아래 2010년 개관한 불교 전문 미술관 선(禪)미술관도 고암 전시실이 따로 마련되어 있습니다. 나혜석(羅蕙錫, 1896~1948년)과 일엽(一葉, 1896~1971년) 스님의 일화까지 더해진 수덕여관은 이제 한국 예술계의 의미 있는 장소가 되었습니다.

덕산도립공원 관리사무소 • 전화 : 041-339-8932

● 내친 김에 산세 유려한 이 일대를 더 걸어도 좋습니다. "덕산온천의 앞산을 … 가히 소금강이라고 불러 손색이 없을 것이다."라고 고암이 썼던 **가야산 덕산도립공원**으로 걸음은 이어집니다. 지침 심신은 **덕산온천**에서 묵으며 달래는 것도 좋겠네요. 한편 고암이 스케치를 남긴 〈온천—밤줄〉은 온양온천의 옛 이름입니다. 조선의 임금들도 즐겨 찾던 유서 깊은 온천들입니다. 이렇게 고암의 흔적을 더듬어 본 다음 작품을 다시 보는 것은 어떨까요. **대전**에 있는 **이응노미술관**은 고암의 작품을 상설 전시합니다. 2007년 5월 개관한 이 미술관은 프랑스의 건축가 로랑 보두앵(Laurant Beaudouin)이 설계했습니다.

대전이응노미술관 • 주소 | 대전광역시 서구 만년동 396 • 전화 : 042-602-3270 • 관람 시간 | 03월~10월, 10:00~19:00 • 11월~02월, 10:00~18:00 • 입장료 | 어른 500원, 어린이・청소년 300원

유년의 고암을 만나러 가는 길

당일 코스 이응노 생가(북) → 용봉산 → 용봉산마애석불 → 용봉산자연휴양림 → 용봉사 이응노 생가(남) → 백월산(석연사, 산혜암)

● 고암 **이응노**의 **생가**는 북동쪽으로 용봉산, 남서쪽으로는 백월산이 보이는 한가운데 자리하고 있습니다. 고암은 아침 저녁으로, 그리고 계절에 따라 변하는 산들의 모습을 바라보며 자기도 모르는 새 예술가의 꿈을 키우고 있었는지도 모르겠습니다. "월산은 아름답고 수수하고 우아하여 한마디로 여인의 자태를 보여준다면, **용봉산**은 강인하고 위엄 있게 우뚝 솟아 있었다."

용봉산에서 '이응노의 집'을 바라보다. ↑
용봉산의 상하리 미륵불은 충남 유형문화재 제87호로 지정되었다. ↗

● 고암이 말한 것처럼 두 산은 각기 다른 매력을 지니고 있습니다. 용봉산은 용과 봉황이 사는 산답게 위엄이 있고, 제2의 금강산이라고 불릴 만큼 멋진 기암괴석과 다채로운 풍광을 지니고 있습니다. 용봉사와 **마애석불**(충남 유형문화재 제118호)에도 들러 보고 **용봉산자연휴양림**에서 쉬었다 가셔도 좋습니다. **백월산**은 이름 그대로 수려한 선을 지닌 산입니다. **석연사**와 **산혜암**을 구경하고 마침내 정상에 이르면 탁 트인 서해가 발 아래로 펼쳐집니다. 석양이 질 무렵이라면 붉게 물드는 바다의 절경을 볼 수 있습니다.

용봉산관리사무소 • 전화 | 041-630-1785

홍성의 또 다른 볼거리

조선 시대 사람 이중환(李重煥, 1690~1756년)은 『택리지(擇里志)』에서 가야산 앞뒤의 10개 고을(홍주, 당진, 면천, 서산, 태안, 해미, 덕산, 결성, 대흥, 보령)을 내포라 칭하며, '충청도에서는 내포가 가장 좋다'고 했습니다. 홍주는 홍성의 옛 이름으로 내포 지역의 정치, 경제의 중심지로서 뱃길과 육로가 만나는 곳에 자리한 데다, 일제 강점기에는 장항선이 개통되어 사람과 물자들이 넘쳐나는 곳이었습니다. 번성했던 옛 흔적은 곳곳에 남아 오늘의 홍성과 어우러지며 정겨운 볼거리를 선사합니다.

홍성장.

옛 정취를 간직한 대장간은 홍성장의 명물로 충남 무형 문화재로 지정되어 있다.
왼쪽 | **고암 이응노**, 〈설산(雪山)〉, 한지에 채색, 67×64cm, 1985년. (부분)

홍성의 산들

용봉산, 백월산, 오서산

홍성 읍내

홍주성, 조양문, 홍주아문, 여하정, 안회당

● 홍성은 동남북 3면이 산으로 아늑하게 에워싸이고, 서쪽은 바다를 향해 열려 있는 모습입니다. 높지도 험하지도 않은 홍성의 산들은 유유히 올라가기 딱 알맞고, 정상에 올라가면 발아래로 펼쳐지는 홍성 읍내와 첩첩이 펼쳐지는 산들이 빚는 장관을 만나게 됩니다. 저녁 놀이 질 무렵, 켜켜이 이어지는 산들의 단정한 선과 그 끝에 반짝이는 서해 바다를 보고 있노라면 홍성의 푸근하고 고운 인심이 바로 이 터에서 비롯되는 것처럼 느껴집니다. 이응노의 그림도 그렇지만 근대기 학춤의 명인이었던 **한성준**(韓成俊, 1874~1942년)의 춤과 소리도 이런 풍경에서 나온 것은 아닐까요?

● 홍성 읍내에 들어서면 곳곳에서 만나게 되는 옛 건축물과 커다란 고목들은 홍성의 역사를 말해 줍니다. 읍내 한가운데에는 홍주성의 동문이었던 **조양문**이 자리하고 있고, 옛 동헌의 세 칸짜리 대문 **홍주아문**은 현전하는 아문 가운데 가장 큰 규모의 하나로, 지금도 군청의 대문 구실을 하고 있습니다. 군청의 뒷뜰로 들어서면 물 위의 누각 **여하정**과 조선 시대의 동헌 본청이었던 **안회당**이 남아 있고, 그 주변으로 **홍주 성벽**을 따라 고즈넉하게 산책할 수 있습니다. 조선 시대 관아의 모습을 간직한 이 역사적 경관은 오늘날 홍성의 도시 공간과 자연스럽게 섞여 과거와 현재를 이어 줍니다. 홍성읍의 북쪽 **용봉산**의 위엄과, 서쪽 **백월산**의 수려함에 더불어 **오서산**도 놓치기 아깝습니다. 수목이 울창한 등산길에는 맑은 약수가 곳곳에 흐르고, 가을이면 단풍과 은빛 억새풀이 절경을 선사합니다.

↑ 조양문.
↗ 홍주성.

← 안회당.
↑ 홍성군청 안의 느티나무.

홍성장

● 78년의 역사를 지닌 홍성장은 1일과 6일이면 정겨운 인사와 시끌벅적한 흥정으로 사람 사는 냄새가 진동을 합니다. 골목골목 사람들을 유혹하는 주전부리와 100년도 더 된 가게들은 장터를 구경하는 큰 즐거움입니다. 특히 대장간은 홍성장의 역사를 묵직하게 간직하고 있습니다. 산과 바다와 맞닿아 있는 홍성답게 장은 인근 광천의 다양한 젓갈과 비옥한 내포평야의 작물 등으로 한가득 풍요롭습니다. 한우는 군 단위 전국 최대 규모의 우시장에서 바로 거래되어 믿을 수 있는 홍성의 자랑거리입니다. 장터 사람들은 우시장을 쇠전이라고 부른답니다.

오서산 자연휴양림 · 041-936-5465 · 문의 : 홍주
군청 문화관광과 041-630-1114

충의의 고장

최영, 성삼문, 김좌진, 한용운 생가터 그리고 홍주의사총

● 홍성은 충의(忠義)의 고장이기도 합니다. 고려의 명장 **최영**(崔瑩, 1316~1388년)부터, 목숨을 바쳐 신하의 의리를 지킨 사육신 **성삼문**(成三問, 1418~1456년), 청산리대첩을 승리로 이끈 독립 운동가 **김좌진**(金佐鎭, 1889~1930년) 장군, 독립 운동가이자 시인, 승려인 만해 **한용운**(韓龍雲, 1879~1944년)에 이르기까지 조국을 위해 목숨을 바치고 지조를 지킨 수많은 의사(義士)들이 홍성에서 태어났습니다. 그들이 태어나 자란 생가 터는 그 뜻을 후세에 전하고 있습니다. 생가 유적지들을 순례하다 보면 우리 역사와 충절의 정신과 더불어 긴 세월 변함없는 홍성 곳곳의 풍경을 함께 마음에 담을 수 있을 것입니다. 충의의 맥은 이름난 명사들만의 것이 아니라 홍성 사람의 핏속에 흐르는지도 모르겠습니다. 1906년 홍성의 의병 운동 당시 희생된 수백 의병들의 유해가 **홍주의사총**에 모셔져 있습니다.

2019년 가을 이응노의 집 창작 스튜디오(레지던시). 가을 산에 둘러싸인 컨테이너 동은 버려진 축사를 리모델링한 것으로, 입주 작가들의 작업실 겸 숙소로 쓰인다. 가을걷이가 끝난 늦가을에는 작가들도 스튜디오 문을 열고, 이응노의 집 전시실과 마을 주민들까지 함께 모여 한 해 동안 작업의 성과를 나눈다.

205

개관한 지 10년이 흐른 이응노의 집 곳곳의 풍경.
건물과 나무에 세월의 흔적이 스미는 만큼 방문하는 관람자들도 편안하고 자연스러워진다. 2019년 가을.

이응노의 집, 이야기

| 펴낸 날 | 1판 1쇄   2011년 11월 06일
| 5판 1쇄 (총 5쇄) 2020년 03월 20일
| 펴낸 곳 | 수류산방 樹流山房 Suryusanbang
| 기획 | 고암 이응노 생가 기념관 개관 준비 위원회＋수류산방
| 진행 | 윤후영＋수류산방
| 이응노의 집 학예팀 | 노태훈 신나라 전범석 황찬연
| 프로듀서 | 박상일
| 발행인 및 편집장 | 심세중
| 크리에이티브 디렉터 | 박상일＋朴宰成
| 편집팀 | 김희선
| 디자인팀 | 이숙기
| 사진 | 민희기(나무 스튜디오), 김재경, 이지웅
| 불어 번역 | 진지영

이 책은 **이응노의 집** 고암 이응노 생가 기념관의 개관 기념 책자로 만들어졌습니다.
이응노의 집 고암 이응노 생가 기념관
전화 | 041 630 9232
팩스 | 041 630 9234
주소 | 32251, 충청남도 홍성군 홍북읍 이응노로 61-7

값 29,000원
ISBN 978-89-91555-27-3 93600
• 이 책에 수록된 도판 및 글의 저작권은 각 글을 쓴 필자와 사진가에게 있습니다.
• 도판 또는 글의 일부나 전부를 사용하시려면 사전에 저작권자의 사용 허가를 받으시기 바랍니다.

수류산방 樹流山房 Suryusanbang | 등록 : 2004년 11월 5일 [제300-2004-173호] | 주소 : 서울 종로구 팔판길 1-8 [팔판동 128] | A. 1-8, Palpan-gil [128 Palpan-dong], Jongno-gu, Seoul, KOREA | T. 02 735 1085 F. 02 735 1083 | 프로듀서 박상일 Producer | PARK Sangil | 발행인 및 편집장 심세중 Publisher & Editor in Chief | SHIM Sejoong | 크리에이티브 디렉터 박상일＋朴宰成 Creative Director | PARK Sangil ＋ PARK Jaohn | 이사 김범수 박승희 최문석 Director | KIM Bumsoo, PARK Seunghee, CHOI Moonseok | 디자인·연구팀 이수경 장한별 Design & Research Dept. | LEE Sookyung, JANG Hanbyul | 사진팀 이지웅 Photography Dept. | LEE Jheeyeung | 편집팀 김민진 Editorial Dept. | KIM Minjin | 인쇄 코리아프린테크 [T. 031 932 3551~2] Printing | Korea Printech

• **일러두기**
• 작품 표기 방식은 작가명, 제목, 재질, 크기(세로×가로), 제작 연도 순입니다.
• 이 책에 실린 모든 작품의 소장처는 '이응노의 집 고암 이응노 생가 기념관'입니다.
• 이 책에 실린 유홍준의 「이응노, 한국 현대 미술사에 남겨진 공백」은 [고암미술연구소 편, 『고암 이응노, 삶과 예술』, 얼과 알, 2004년]에 실린 글을 재수록 한 것입니다.

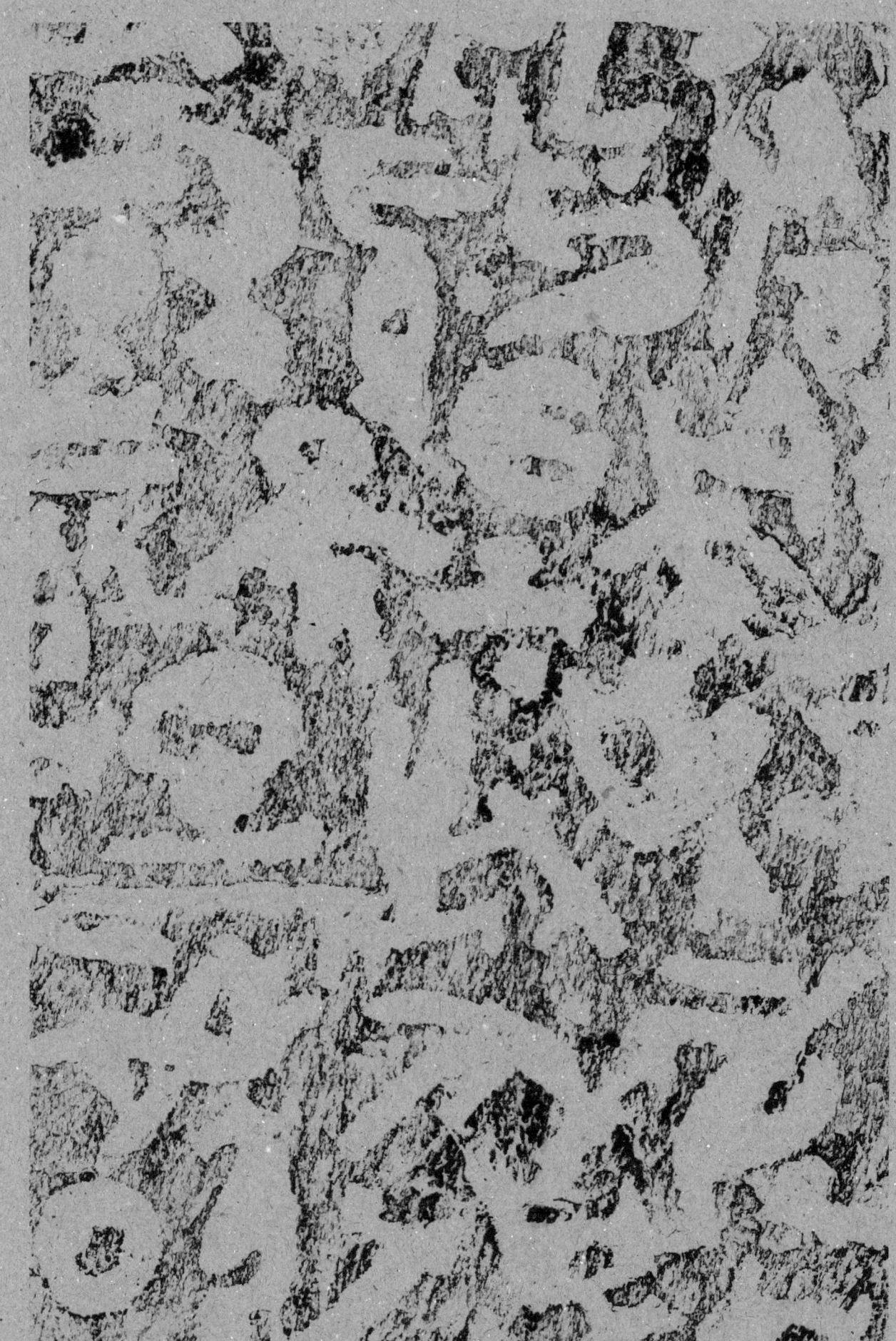

고암 이응노, 수덕사 구들장 탁본. 한지에 먹, 139×70cm. (부분)

이응노의 집 벽체 콘크리트벽 세부, 2011년 [사진 민희기] | 이응노의 집, 이야기